矿山设备模型制作与创新思维

闫长旺　张　菊　孙小路
张　涛　张鸿波　编著

中国矿业大学出版社
·徐州·

内 容 简 介

为全面培养大学生的创新意识和团队协作精神，增强大学生的工程设计与实践能力，本书结合矿业工程专业应用特点，主要讲述了采矿与矿物加工过程中关键设备的基本原理与结构组成，系统介绍了物理模型制作技巧与常用材料、数字模型制作与CAD设计、3D打印技术和创新思维的培养，最后以历年采矿模型实践作品大赛的获奖作品为例，分析了模型的详细制作过程。

本书适合采矿工程、矿物加工工程、地质工程及相关专业的本科生和专科生使用，同时也可供对模型制作、3D打印技术有兴趣的人员参考。

图书在版编目(CIP)数据

矿山设备模型制作与创新思维/闫长旺等编著. —徐州：中国矿业大学出版社，2020.8

ISBN 978-7-5646-4801-5

Ⅰ. ①矿… Ⅱ. ①闫… Ⅲ. ①矿山机械—模型—制作—高等学校—教材 Ⅳ. ①TD4

中国版本图书馆CIP数据核字(2020)第154905号

书　　名　矿山设备模型制作与创新思维

编　　著　闫长旺　张　菊　孙小路　张　涛　张鸿波

责任编辑　吴学兵

出版发行　中国矿业大学出版社有限责任公司

（江苏省徐州市解放南路　邮编221008）

营销热线　(0516)83884103　83885105

出版服务　(0516)83995789　83884920

网　　址　http://www.cumtp.com　**E-mail**:cumtpvip@cumtp.com

印　　刷　江苏凤凰数码印务有限公司

开　　本　787 mm×1092 mm　1/16　**印张** 12.75　**字数** 243千字

版次印次　2020年8月第1版　2020年8月第1次印刷

定　　价　48.00元

前　言

采矿、选矿等矿山设备是矿业类专业课程的重要组成部分，是学生课程学习的重点。为夯实学生专业基础，掌握相关知识，培养创新设计意识、综合设计能力与团队协作精神，加强学生动手能力的培养和工程实践的训练，结合内蒙古工业大学“大学生创新实验计划”，矿业学院组建了大学生矿山设备模型制作小组，并参加了教育部高等学校矿业类专业教学指导委员会主办的“全国高等学校采矿工程专业学生实践作品大赛”。

自 2014 年首次参加全国高等学校采矿工程专业学生实践作品大赛以来，内蒙古工业大学矿业学院各专业本科生、研究生以矿山设备为背景创作参赛作品，获得一等奖、二等奖、三等奖、优秀组织奖等各类奖励达 200 多项，在大学生创新实践教育方面积累了可供借鉴的经验。

本书从矿山设备概述、模型制作工具与使用、模型与 CAD 设计、3D 打印技术、创新思维、实例与分析等几方面，介绍了近几年内蒙古工业大学矿业学院大学生创新实践作品在选题、模型设计与制作、创新思维培养方面的经验，并分享了实践作品实例。

本书的出版得到了内蒙古工业大学教学改革项目“矿物加工人才培养方案改革研究(2020245)”“基于 MOOC 平台的‘矿物加工机械设计基础’微课程教学实践(2020357)”“矿山设备模型设计与研究生创新能力培养(YJG2020013)”资助。

本书不仅可供采矿工程、矿物加工工程、地质工程等专业学生学习使用，还可用于指导与矿山设备专业相关学生的创新实践。

由于作者水平所限，书中难免存在不足之处，敬请广大读者批评指正。

作者

2020 年 6 月 26 日

目　录

第 1 章　矿山设备概述

1.1　采矿设备概述

1.1.1　凿岩台车

凿岩台车又称钻车，是支撑、推进和驱动一台或多台凿岩机实施钻孔作业，并具有整机行走功能的凿孔设备，用于矿山巷道掘进及其他隧道施工。凿孔直径一般为 30～65 mm，凿孔深度为 2～5 m，凿孔时能准确定位定向，并能钻凿平行炮孔，可与装载机械及运输车辆配套，组成掘进机械化作业线。

凿岩台车按用途可分为露天钻车、井下掘进钻车、采矿钻车和锚杆钻车；按钻臂数量可分为单臂、双臂和多臂式；按行走机构可分为轨轮式、轮胎式和履带式。

1.1.1.1　工作原理

凿岩台车主要由车架、凿岩机、钻臂、推进器、变幅机构、行走机构、控制系统、操作台和动力源（泵站）等组成，如图 1-1 所示。

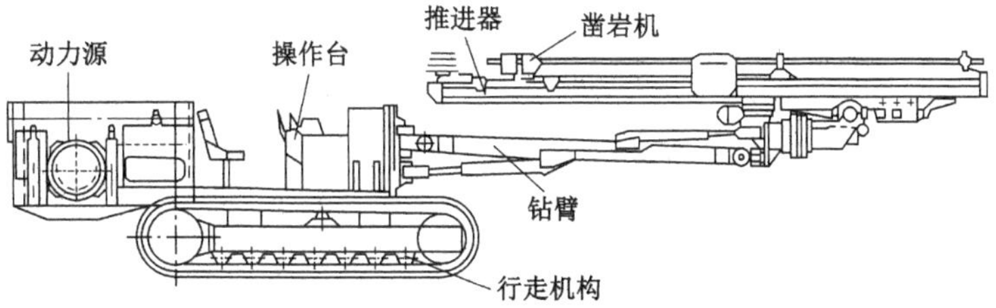

图 1-1　凿岩台车结构示意图

凿岩台车普遍采用轨轮式液压凿岩机。为完成平巷掘进，凿岩台车应实现下列运动：

① 行走运动，以便台车进入和退出工作面；

② 推进器变位和钻臂变幅运动，以实现在断面任意位置和任意角度钻眼；

③ 推进运动，以使凿岩机沿钻孔轴线前进和后退。

1. 推进运动

凿岩机的推进运动由推进器完成。推进器用来使凿岩机移近或退出工作面，并提供凿岩时所需的轴向推力。根据凿岩工作的需要，推进器产生的轴向推力和推进速度应能调节，以便使凿岩机在最优轴推力下工作。

2. 推进器变位

在摆动液压缸的作用下，可实现推进器的水平摆动，通过俯仰液压缸可实现推进器的俯仰运动，以钻凿不同方位的炮眼。在补偿液压缸的作用下，推进器做补偿运动，使导轨前端的顶尖始终顶紧在岩壁上，以增加钻臂的工作稳定性，并在钻臂因位置变化引起导轨顶尖脱离岩壁时起到距离补偿作用。

3. 钻臂变幅

摆臂液压缸使钻臂摆动，实现钻臂升降。液压马达和棘轮组成的钻臂旋转机构可使钻臂绕自身轴线旋转 360°。

4. 控制系统

控制系统包括液压控制系统、电控系统、气路水路控制系统等。控制系统具有下列几种功能：

(1) 凿岩机具、钻臂和行走机构的驱动与控制。

(2) 支撑与稳定机构、动力源和照明的控制等。其中凿岩机具的驱动与控制是凿岩台车控制系统的核心，它包括推进回路、防卡钎控制回路、开机轻打回路以及自动退钻回路等。

5. 动力源

动力源的主要形式是液压泵站，由原动机、液压泵、油箱、过滤器、冷却器及保护控制元件等部件组成。原动机带动液压泵把压力油输送到各执行单元，实现各种动作和功能。

1.1.1.2 典型机型——CMJ-17 型凿岩台车

1. 应用

CMJ-17 型凿岩台车结构紧凑、外形尺寸小、节约能源、噪声低、功能多、效率高，适用于煤矿、黑色和有色金属等地下矿山以及化工、铁路、水电等部门的巷道掘进工程。在工作面、顶板、侧帮、底板均能凿岩作业，装上滑架还可以打锚杆孔。CMJ-17 型凿岩台车结构示意图如图 1-2 所示。

2. 结构特点

(1) 车体宽 1 030 mm，能通过 2 m×2 m 的巷道，适应最大断面 17.5 m^2。不仅能打掘进孔，还可以打锚杆孔。对掌子面、顶板、侧帮、底板均能钻凿掘进炮孔。装上短推进器打锚杆孔很方便。

(2) 模块式结构，可分解为行走底盘、左右钻臂、动力部分、凿岩机构四个部

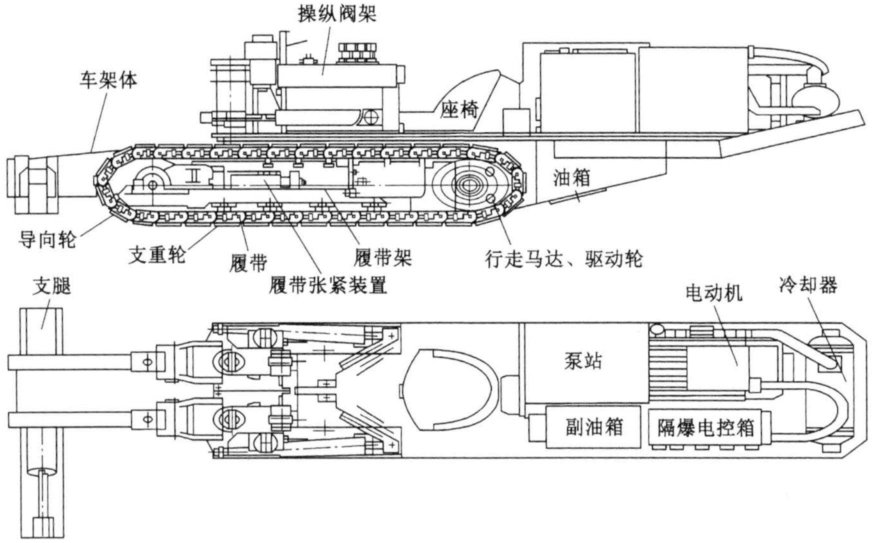

图 1-2　CMJ-17 型凿岩台车结构示意图

分，拆装方便。

(3) 双臂凿岩机机动灵活、定位准确。钻臂有六种动作，能在工作面任意位置凿岩，补偿定位准确。

(4) 底盘为整体刚性组合履带行走。刚性底盘为焊接结构，整体性能好，刚性和强度大，是全机的基础。底盘后部的空腔为主油箱，底盘中部上面左右各安装一个钻臂座，承受左右钻臂凿岩机构的动载和静载。前部内腔装有两组行走操纵阀，通过拉杆将手柄集中安装在控制台，用于控制台车的前进、后退和转弯。在底盘的前部左右各安装一个支腿，用于钻孔作业时保持整机的稳定性和可靠性。行走采用液压马达驱动，经齿轮减速箱减速，带动链轮转动。最高行走速度为 40 m/min。液压马达与减速箱之间装有多片片式制动器，以保证刹车安全可靠。

(5) 钻臂采用轻型旋转钻臂，带行程倍比结构(行程倍比结构由推进液压缸、滑轮组、钢丝绳、凿岩机滑板和钢丝绳张紧装置组成)的推进器。推进液压缸行程为 1 065 mm。最大钻孔深度为 2 130 mm。

(6) 动力单一化，耗能低。台车行走、凿岩等工作共用一台四联液压泵供油，其他动作分别集中单独操作，整机功率仅 45 kW，全部动力集中组成动力模块，分别用于四联泵、二联泵和空压机。

(7) 液压系统先进。液压系统采用中高压系统、油路左右对称、系统保护齐全。凿岩系统采用逐步打眼机构，当开始凿岩时可缓慢冲击，待孔定位后可逐步加压到最大冲击能量，当凿岩终止时可自动停止。卡钎时也可自动停止凿岩和推进，待故障排除后可继续凿孔作业。在系统保护中有液位控制器防止油位过低、油温控制器防止油温过高，此外还有回油过滤、凿岩机高压过滤等装置。

1.1.2 锚杆钻机

锚杆支护是近年来发展较快的一种井巷支护方法，它通过锚入围岩的锚杆使支护体与围岩本身形成一个统一的能够承受载荷的结构体，俗称“纳鞋底”。综观锚杆钻机发展历程以及国内外多方面实践，鉴于单体锚杆钻机具有结构简单、质量轻、体积小、可人工挪移等优点，针对煤矿经济状况与煤岩、半煤岩巷道的具体特点，在相当长时间内单体锚杆钻机是发展的主流。

1.1.2.1 概述

1. 单体锚杆钻机的分类

单体锚杆钻机根据所用动力不同可分为电动、气(风)动与液压锚杆钻机 3 种。液压锚杆钻机以液压油驱动马达带动钻杆旋转切削，同时使支腿伸缩，它带有分离的专用液压泵站。电动式锚杆钻机以电机为切削机构的直接驱动力，支腿推进一般采用静压水和液压油两种动力源。气动式锚杆钻机以压缩空气为动力，驱动马达带动钻杆旋转切削，同时使支腿伸缩，其中澳大利亚 CRAM 公司生产的支腿式气动锚杆钻机是世界上品种较多、性能较好、应用最广的机型。按所用的气动马达不同，气动锚杆钻机又分为叶片式、齿轮式和活塞式 3 种。

图 1-3 为 3 种不同类型的单体锚杆钻机的外形结构图。

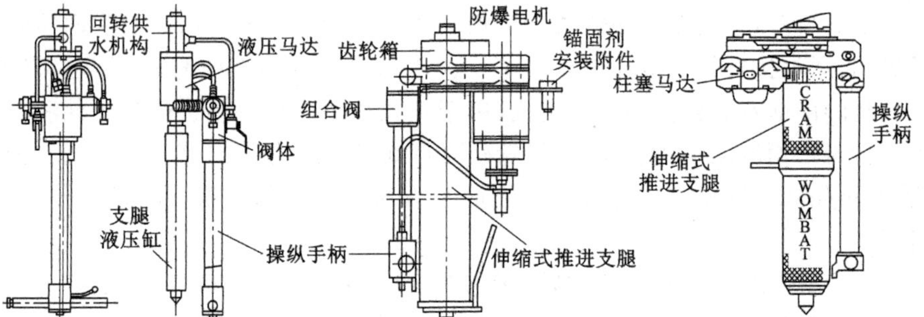

(a) YMB型液压锚杆钻机　(b) 电动锚杆钻机　(c) CRAM气动锚杆钻机

图 1-3 单体锚杆结构示意图

2. 机械输出性能

电动锚杆钻机以电动机驱动减速机构带动钻具(钻杆、钻头)旋转，实现旋转切削破岩成孔。一般采用鼠笼式三相异步电动机，其机构输出性能成“硬特性”

关系，如图 1-4 所示。随着转矩 M 的增大，转速 n 下降不多。这样在适宜的岩石条件下，在一定的推进力下钻孔时，电动锚杆钻机能在接近额定负荷 M_n 下工作，而此时转速变化不大，输出功率基本恒定，具有较高的效率和较好的钻进效果。

液压锚杆钻机以具有一定工作压力的工作液为动力，驱动液压推进缸升降以及驱动液压马达带动旋转机构及钻具旋转，实现破岩钻孔。液压锚杆钻机采用定量马达，其输出转矩主要取决于液体工作压力，转速取决于系统流量，因此液压锚杆钻机的输出性能是由锚杆钻机的液压系统决定的。在实际钻孔中，转矩取决于外负载，外负载增加，系统压力增加，转矩增加，当外负载超过一定限度，系统压力超过额定值，溢流阀开启溢流，钻机停钻。因而其输出特性显示出随压力不同近似平行的斜线，如图 1-5 所示，同样具有一定的硬特性。

气动锚杆钻机以压缩空气为动力，驱动气压推进缸升降以及驱动气动马达带动旋转机构及钻具旋转进行锚杆孔钻进。气动锚杆钻机采用容积式气动马达，该马达的特性决定了气动锚杆钻机机械输出具有明显的软特性，如图 1-6 所示，转速随转矩的增大有明显的下降。这样岩石钻进阻力的变化使钻机的转速与转矩同时变化，钻进阻力增大时，转速下降而转矩提高，从而能自动保证良好的钻进效果。

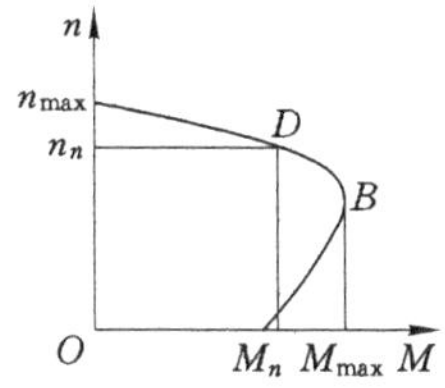

图 1-4　电动锚杆钻机输出性能

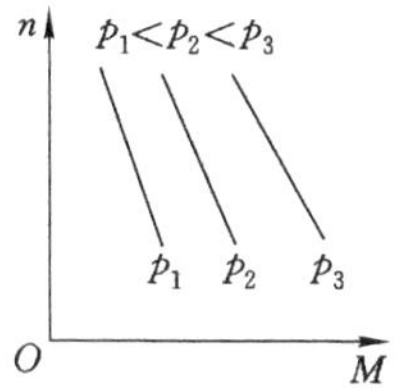

图 1-5　液压锚杆钻机输出性能

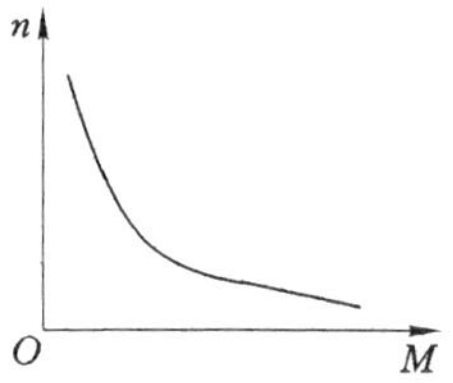

图 1-6　气动锚杆钻机输出性能

3. 钻岩特点

锚杆钻机钻孔时，回转机构和推进机构通过钻杆向多刃切削钻头施加作用力，钻头在轴向压力作用下侵入岩石，又在回转扭矩作用下切削破碎岩石，并用压气或者通水吹洗孔底和排除岩渣，最后形成钻孔。如图 1-7 所示。

4. 钻具（钻头和钻杆）

钻头的直径、结构、形状等影响着旋转切削破岩钻孔的速度。当钻头直径增大时，单位钻刃或钻齿上的轴向力相对减小，钻机所承受的旋转阻力矩相对增加，因此破岩钻孔速度随着钻头直径的增大而降低。在有限变化范围内，钻进速度基本上随着钻头直径的增加呈线性或近似线性关系下降。

钻头的形式对破岩钻孔速度有很大影响，两翼对称钻头破岩钻孔速度明显

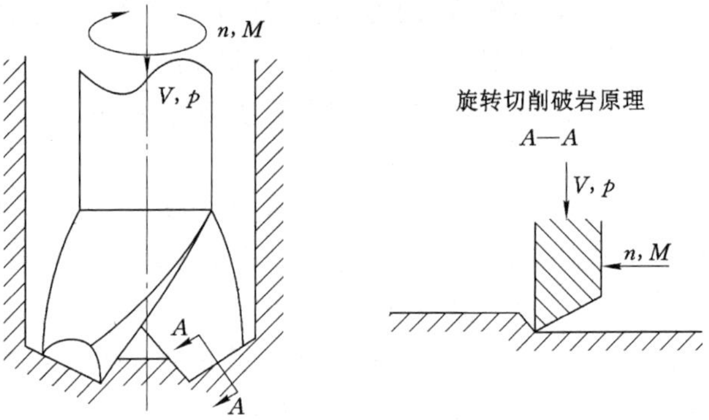

图 1-7　锚杆钻机钻岩特点

大于十字形钻头。钻头的钻刃角度影响着破岩钻孔速度。钻刃前角大时，钻头锐利，易于钻进，但钻刃的坚固性降低，导致其容易很快磨钝或者崩断。设计钻刃后角的目的是减少钻头与孔底岩石之间的摩擦，后角大，摩擦损耗小，但会降低钻刃的坚固性。同样，钻刃前后角之间的刃尖角越小，破岩钻进越容易，但钻刃坚固性越差。因此，要根据岩石的硬度来选择合适的钻刃角大小。另外，钻头体应留 5°～14°的圆锥角，避免在钻刃侧部磨损后，因钻头体与孔壁摩擦影响破岩钻孔速度或者发生卡钻现象。

钻头水眼直径也影响着钻孔速度，随着水眼直径增大，钻速将下降。这是因为：过大的钻头水眼直径会减小冲洗液在水眼出口处的喷射速度，从而减弱冲洗液对岩屑的清除能力，降低钻速。一般来说，钻杆增长，摩擦阻力以及孔壁歪斜形成的附加旋转力矩有所增大，且消耗在钻杆及钻杆与钻头连接处的冲击能量也有所增大。钻头与钻杆之间的连接质量影响着能量的传递，从而影响旋转切削破岩钻孔速度。钻头和钻杆的示意图如图 1-8 所示。

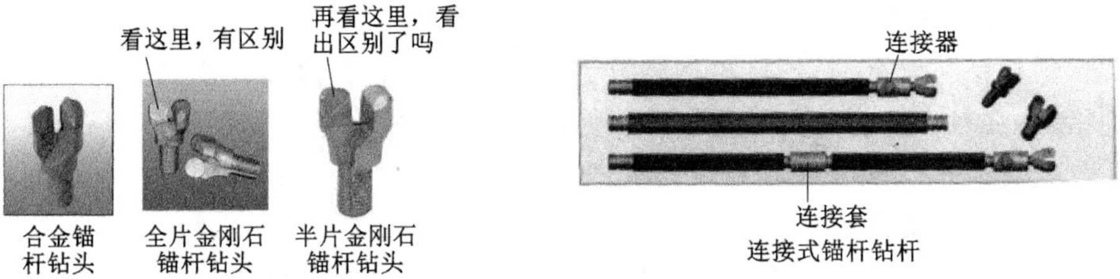

图 1-8　钻具(钻头和钻杆)示意图

1.1.2.2　液压锚杆钻机

液压锚杆钻机具有安全防爆、结构合理、操作方便、功率大、效率高、使用寿命长、省力、故障率极低、质量轻且操作方便等优点，可在岩石硬度 $f \leqslant 10$ 的各种巷道内实现高速、高质量的钻进工作，在有压缩空气的巷道内使用可以节能增效，在没有敷设压风管路的巷道内是用户的必备设备，在综掘巷道内可与综掘机配套使用。按钻机的结构形式可分为支腿式、导轨式、手持式；按钻机功能可分为顶板锚杆钻机、帮锚杆钻机。

1. 液压锚杆钻机整机结构

液压锚杆钻机整机结构如图 1-9 所示，由进液口、手动节流阀、非圆行星齿轮液压马达、出液口、外壳体（含运动输出轴）、把手、油管等部分组成。该液压锚杆钻机具有结构紧凑、体积小、质量轻、可靠性高、使用和维护方便且对工作油液污染敏感性较低等优点。

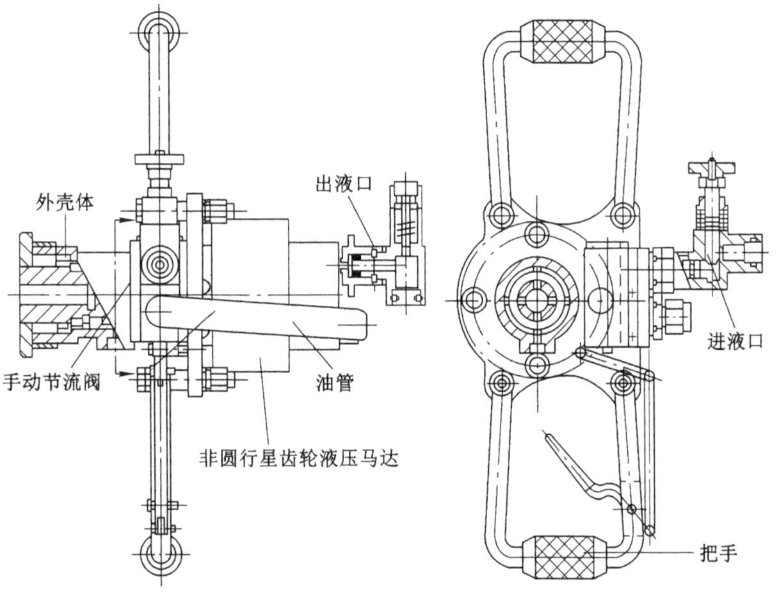

图 1-9　液压锚杆钻机整机结构示意图

2. 液压系统

液压锚杆钻机采用手动单向节流阀（锥阀）控制，通过该阀的开闭来控制钻机的启动和停止，通过改变阀口的开度大小来控制钻机的转速。液压系统工作原理如图 1-10 所示。

3. 非圆行星齿轮液压马达

非圆行星齿轮液压马达把非圆行星齿轮机构和液压马达巧妙地结合在一起，具有结构紧凑、传动平稳、工作可靠、寿命长、效率高、传动比恒定等优点，如

图 1-11 所示。

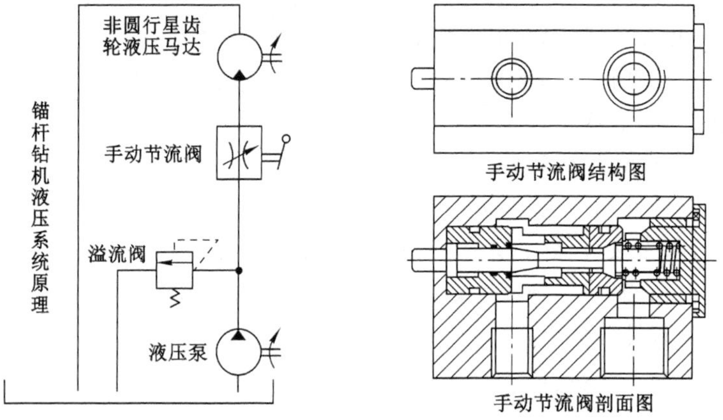

图 1-10　液压系统工作原理

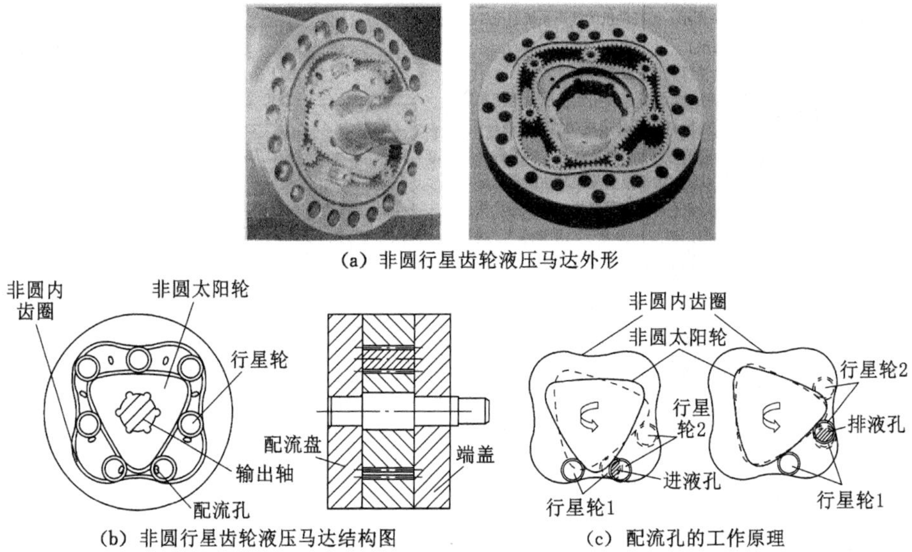

图 1-11　非圆行星齿轮液压马达

1.1.3　巷道掘进设备

巷道掘进方法有钻眼爆破法和掘进机掘进法两种。钻眼爆破法是一种传统的掘进方法。

掘进机是截割、装载、转载煤岩，并能自己行走，具有喷雾降尘功能，以机械方式破落煤岩的掘进设备。与钻眼爆破法相比，掘进机掘进法有许多优点，如掘进速度快、成本较低、围岩不易被破坏、利于支护、减少冒顶和瓦斯突然涌出、减少超挖量，同时减少混凝土耗费量、改善劳动条件和提高掘进生产的安全性等。

1.1.3.1　部分断面掘进机

部分断面掘进机工作机构中的截割头每次只能截割工作面岩壁的一部分，要经过若干次循环截割才能掘出所要求的断面形状和尺寸。工作时可同时实现破碎煤岩、装载运输、调动行走、喷雾灭尘等，具有生产效率高、掘进速度快、适应性强、调动灵活等优点。

1. 分类

部分断面掘进机分类如图 1-12 所示。

- 部分断面掘进机（按工作机构分）
  - 冲击式掘进机
  - 连续采煤机
  - 圆盘滚刀式掘进机
  - 悬臂式掘进机

- 悬臂式掘进机
  - 按截割头的布置方式
    - 纵轴式悬臂式掘进机
    - 横轴式悬臂式掘进机
  - 按掘进对象
    - 煤巷悬臂式掘进机
    - 半煤-岩巷悬臂式掘进机
    - 全岩巷悬臂式掘进机
  - 按机器的驱动方式
    - 电力驱动悬臂式掘进机
    - 电-液驱动悬臂式掘进机

图 1-12　部分断面掘进机分类

2. 主要结构

悬臂式掘进机要同时实现将煤岩从矿体分离、装载运出并实现机器本身的行走调动和喷雾灭尘等功能。它主要由截割机构、装载机构、运输机构、机架及回转台、行走机构、液压系统、电气系统、冷却灭尘系统及机器的操作控制与保护等组成。其总体结构如图 1-13 所示。

1.1.3.2　全断面掘进机

全断面掘进机工作机构通过旋转和连续推进，将巷道整个断面的岩石（煤）破碎，如图 1-14 所示。按掘进断面的形状和尺寸将刀具布置在截割机构（刀盘）上，通过刀具破岩并实现装岩、转载、支护等工序平行连续作业。

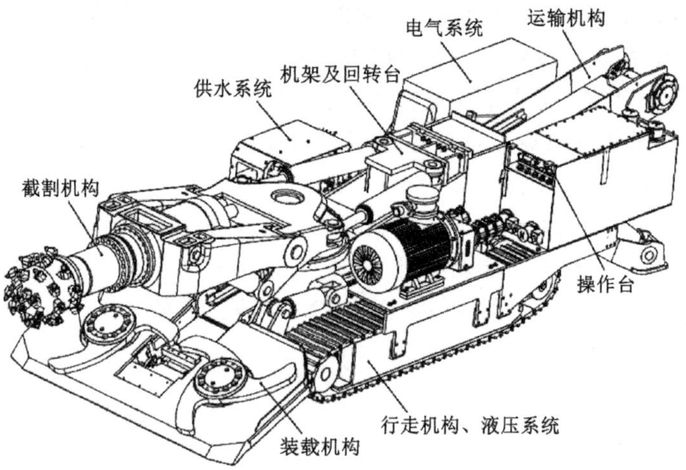

图 1-13　悬臂式掘进机结构示意图

图 1-14　全断面掘进机

掘进煤矿岩石干巷定型设备有 EJ-30 型全断面掘进机(刀盘直径 3 m)和 EJ-50 型全断面掘进机(刀盘直径 5 m),水利水电隧洞、铁路公路等软岩隧道定型设备有 TBM-32 型全断面掘进机(刀盘直径 3.2 m)。

煤矿岩石干巷、水利水电隧洞、铁路公路隧道、煤矿斜井井巷的掘进断面一般为圆形,如加设截割底角机构,掘进断面可近似拱形。

连续作业式全断面掘进机适用于直径 2.5～12.5 m、岩石单轴抗压强度 50～350 MPa 的全岩巷道。

1. 工作原理

岩石掘进机一般采用滚压法破碎岩石,使用的刀具有盘形滚刀和球齿滚刀两类,其中盘形滚刀应用最广。

(1) 盘形滚刀破岩原理

盘形滚刀破岩原理如图 1-15 所示。

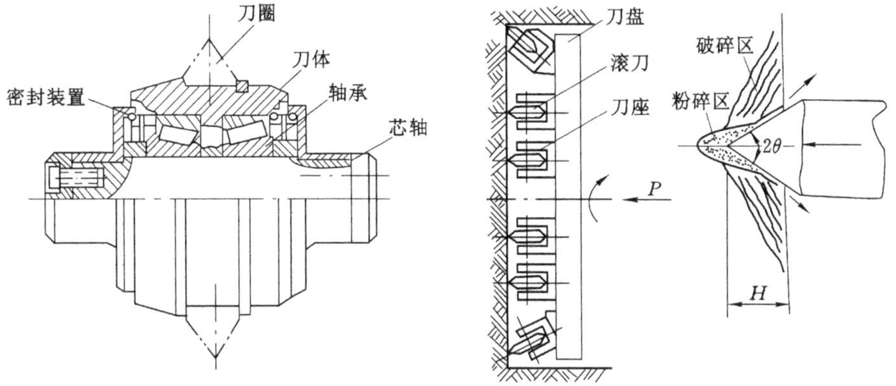

(a) 盘形滚刀　　(b) 盘形滚刀破岩原理

图 1-15　滚刀破岩原理示意图

(2) 工作方式和推进原理

工作机构通过旋转和连续推进,对巷道整个断面的岩石(煤)进行破碎。工作方式和推进原理示意图如图 1-16 所示。

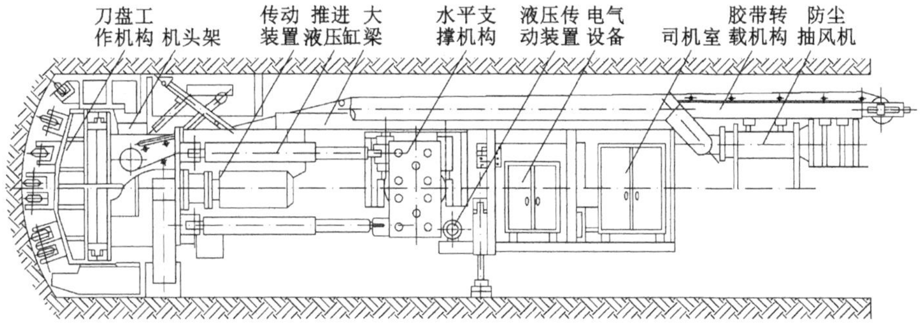

图 1-16　工作方式和推进原理示意图

(3) 指向和调向

① 激光指向

现代全断面掘进机均采用激光装置指示掘进机的推进方向。挂在远处巷道右上角的激光发射器发出一定波长的红色光束。固定在机头架右上方的靶标背面涂有红漆,可阻止红色光线通过。若掘进机按预定方向和坡度向前推进,激光束将通过装在掘进机后部的金属板和固定在司机室右上方的靶标中央的小孔,照射到固定在机头架右上方的靶标的中心点上(预先调整好)。当激光束射着点偏离该中心点时,即指示出掘进方向发生了偏差。当发现偏差后,应及时调向才能保证掘进方向的准确性。激光指向原理示意图如图 1-17 所示。

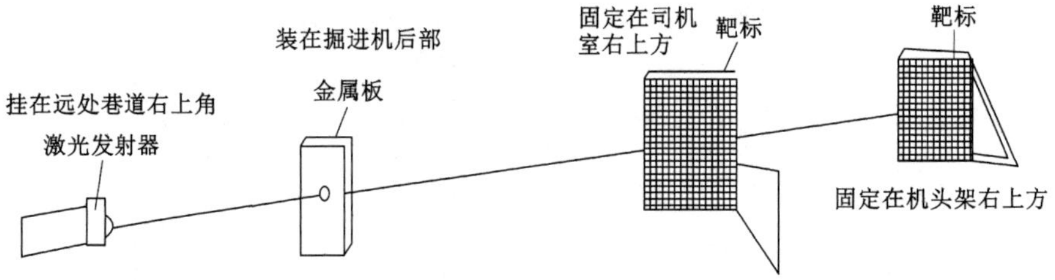

图 1-17　激光指向原理示意图

② 调向

掘进机的调向包括水平调向、坡度调向和纠偏调向 3 种操作。掘进机调向示意图如图 1-18 所示。

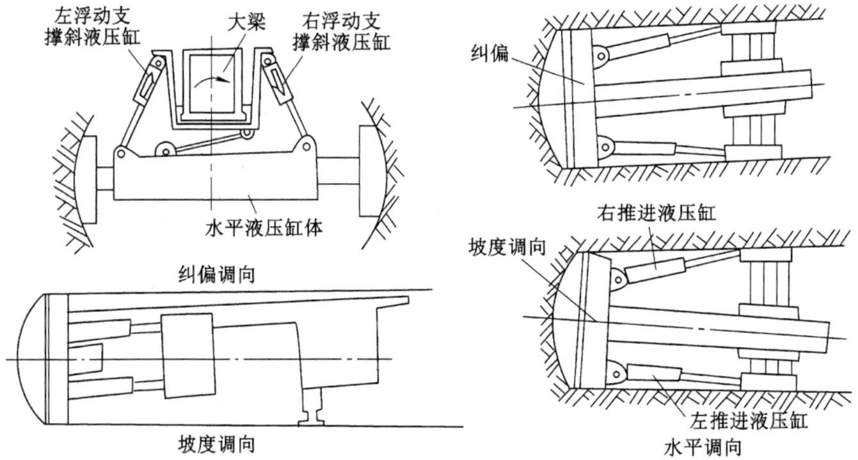

图 1-18　掘进机调向示意图

2. 工作装置的结构

全断面掘进机的工作机构由装有滚刀的刀盘及其传动装置和机头架及其导向装置组成，以完成破岩、装岩和导向任务。

(1) 刀盘-钢板焊接结构(图 1-19)

刀盘根据断面形状不同，分为平面、锥面和球面 3 种；根据结构特征不同，分为薄型和厚型 2 种，其中薄型刀盘又有断面换刀和内腔换刀 2 种形式。刀盘传动装置一般采用二级行星减速器。

(2) 机头架-刀盘的支撑部件

机头架-刀盘的支撑部件主要由导向壳体、支撑板、防尘板、支座、护顶板、上液压缸、下液压缸和连杆等组成，如图 1-20 所示。

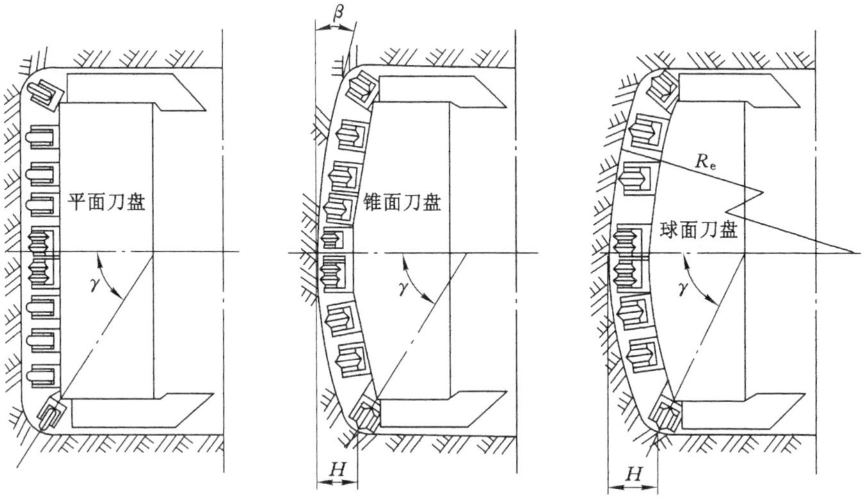

图 1-19　刀盘-钢板焊接结构

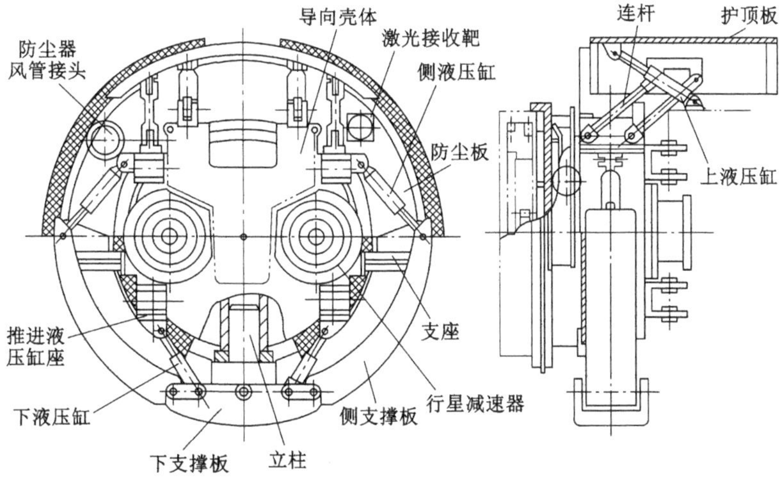

图 1-20　机头架-刀盘的支撑部件

(3) 水平支撑和推进机构

水平支撑和推进机构装设在大梁的后部，通过推进液压缸和机头架相连，和大梁之间通过浮动支撑机构相连。如图 1-21 所示。

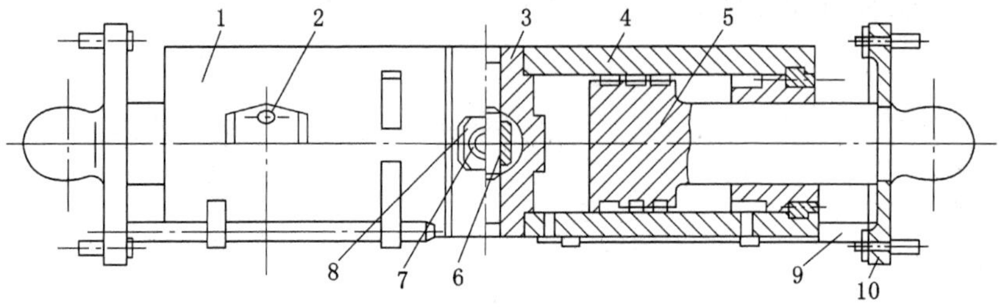

1—左缸体；2—斜液压缸座；3—十字销座板；4—右缸体；5—活塞杆；6—竖销；
7—横销；8—滑套；9—导向杆；10—导向板。

图 1-21　水平支撑和推进机构

1.1.4　滚筒式采煤机

1.1.4.1　采煤机的基本组成

采煤机主要由截割部、装载部、牵引部(行走部)、电气控制箱、附属装置等组成。双滚筒采煤机结构示意图如图 1-22 所示。

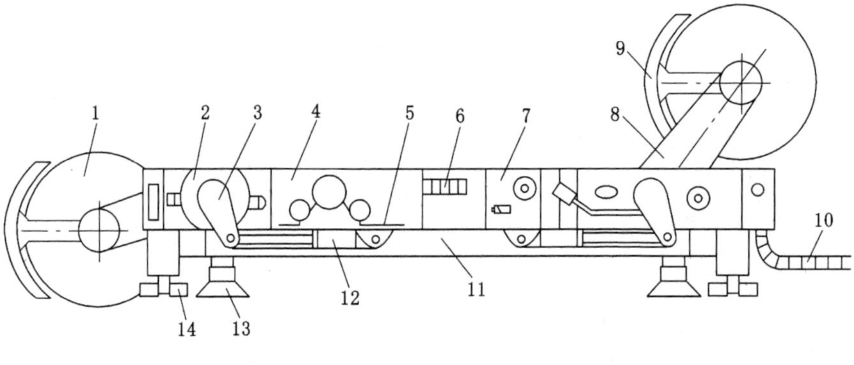

1—滚筒；2—截割部；3—调高小摇臂；4—牵引部；5—牵引链；6—电气控制箱；7—电动机；8—摇臂；
9—弧形挡煤板；10—拖缆装置；11—底托架；12—调高液压缸；13—煤壁侧滑靴；14—采空区侧滑靴。

图 1-22　双滚筒采煤机结构示意图

截割部：摇臂、行星减速箱、螺旋滚筒、滚筒调高装置、挡煤板。

牵引部：牵引部减速箱、行走机构。

电气控制箱：动力电气、牵引调速控制系统电气、各种保护和故障诊断、状态显示、位置显示及报警装置等。

附属装置：挡煤板翻转机构、采煤机调斜液压缸、滚筒调高液压缸、采煤机导向装置、油箱、破碎机构、冷却和喷雾系统等。

1. 滚筒采煤机的工作原理

采煤机割煤是通过装有截齿的滚筒旋转和采煤机沿输送机牵引运行而进行的。截割电机通过摇臂内齿轮，将动力传递到滚筒，使之旋转实现落煤和装煤。对于无链电牵引采煤机，牵引电动机通过齿轮减速使齿(链)轮转动，与齿(链)轨的相对运动实现采煤机行走和滚筒连续切割，截齿切割下的煤屑通过滚筒上的螺旋叶片抛至输送机溜槽内。

2. 滚筒采煤机的工作特点

主要优点：能同时实现落煤及装煤；可适应各种不同硬度和不同厚度的煤层，对地质条件的适应性好；调高方便；双滚筒采煤机可自开缺口；机械效率高等。

缺点：采下的煤块度小，截割比能耗较大。

1.1.4.2　采煤机工作方式

1. 采煤方法

采煤方法主要分为单向采煤法和双向采煤法两种，如图 1-23 所示。

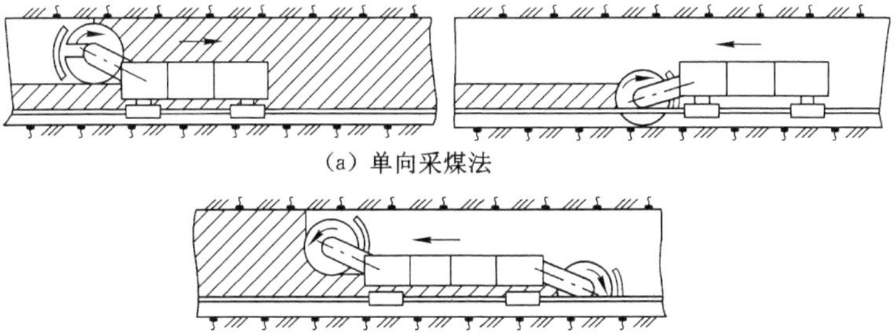

(a) 单向采煤法

(b) 双向采煤法

图 1-23　采煤方法

(1) 单向采煤法：用于单滚筒采煤机。采煤机沿工作面往返一次进一刀。滚筒位于采煤机下端，以使滚筒割落下的煤不经机身下部就运走，从而可降低采煤机机面(由底板到机身上表面)高度。

(2) 双向采煤法：用于双滚筒采煤机。前滚筒割上部煤，后滚筒割下部煤。采煤机沿工作面牵引一次可以进一刀，返回时又可进一刀。

2. 采煤机的进刀方式

采煤机开始截割下一刀前，使滚筒切入煤壁，推进一个截深的过程称为进刀。采煤机截割到工作面端头，其滚筒截割至巷道，由采煤机直接进刀的过程称为自开切口。

进刀方式分为斜切式进刀和正切式进刀两种。

(1) 端部斜切式进刀:采煤机在工作面两端25～30 m范围内斜切进刀。端部斜切式进刀特点:在工作面两端近20 m内使采煤机往返一次,翻转挡煤板及对调滚筒位置3次,工序比较复杂。适用性:适用于工作面较长、顶板较稳定的条件。如图1-24(a)所示。

(2) 中部斜切式进刀(半工作面法):采煤机在工作面中部斜切进刀。中部斜切式进刀特点:① 每进两刀只改变牵引方向(包括翻转挡煤板及对调滚筒位置)4次,工序比较简单,节省了时间;② 采煤机快速移动时,可以清理上一次进刀留下的浮煤,装载效果好;③ 采煤机割煤时,输送机机头处于不移动状态,且有一半时间输送机完全呈直线,故延长了输送机寿命;④ 采煤机每割1刀要多运行1个工作面长度,但因为牵引速度快,所以花费的总时间增加不多;⑤ 在滞后支护的条件下,采用中部斜切式进刀,空顶的面积和时间要比端部斜切式进刀大。如图1-24(b)所示。

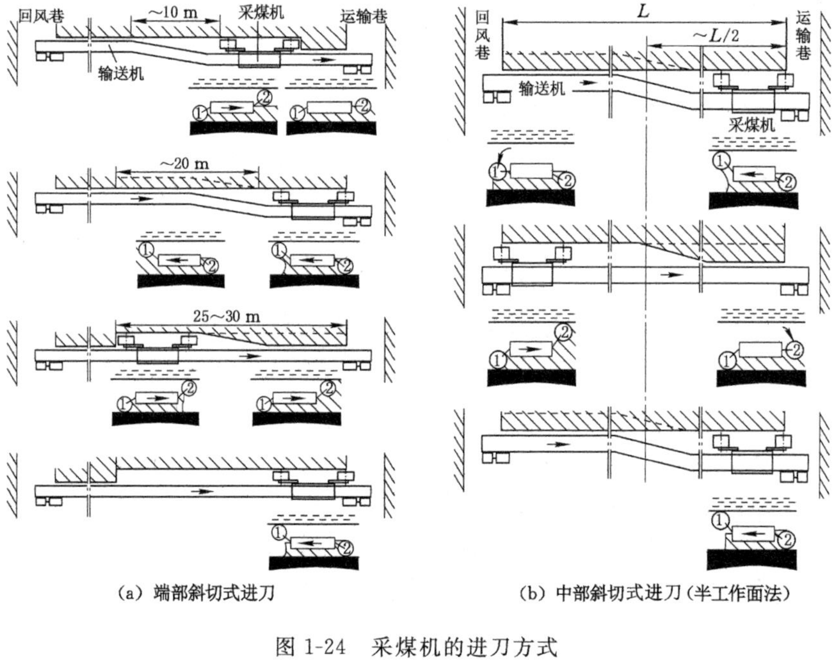

图1-24　采煤机的进刀方式

(3) 正切式进刀(钻入法):在工作面两端用千斤顶直接将输送机及采煤机滚筒推向煤壁,利用滚筒端盘端面上的截齿钻入煤壁以实现进刀。正切式进刀特点:工作面空顶面积小,切入时间短,效率高。适用性:只适用于无挡煤板的采煤机,且千斤顶推力大,并要求输送机、采煤机摇臂强度大。这种进刀方式一般很少采用。如图1-25所示。

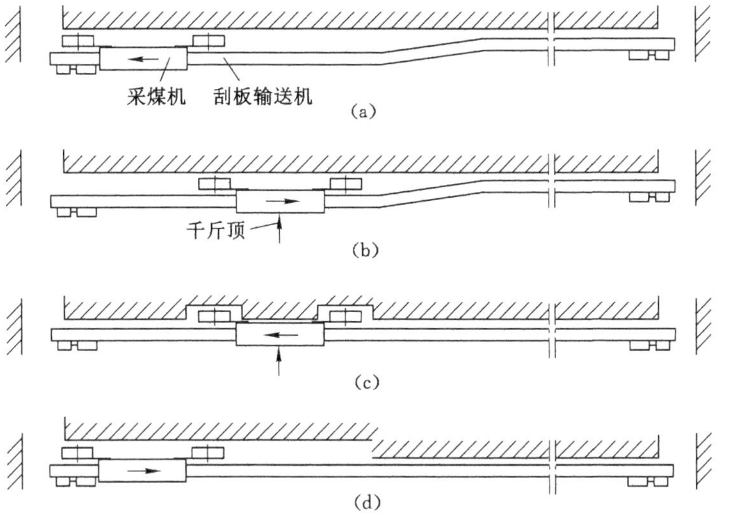

图 1-25　正切式进刀(钻入法)

3. 采煤工艺过程

(1) 普采工作面的采煤工艺过程

① 采煤机的滚筒进入下缺口,然后由下向上采煤;② 随采煤机之后,清理顶煤、挂顶梁;③ 在采煤机后面清出新机道,并在距采煤机 10～15 m 处开始推移刮板输送机;④ 当输送机移到新轨道上以后,在悬挂的顶梁下面支撑金属支柱或单体液压支柱。

注意:当不能一次采全高时,采煤机由下向上沿顶板采上部煤,再由上向下沿底板采下部煤。

(2) 综采工作面的采煤工艺过程

① 采煤机自工作面一端开始向另一端采煤;② 随着采煤机向前牵引,紧接着移动液压支架,以便及时支护顶板;③ 在采煤机后面一定距离处,推移工作面刮板输送机。

1.2　选矿设备概述

1.2.1　跳汰机

跳汰选矿由于工艺流程简单、设备操作维修方便、处理能力大且有足够的分选精度,在矿物分选中占有十分重要的地位。全世界每年入选的煤炭中有 50%

左右是采用跳汰机处理的。另外,跳汰选矿处理的粒度级别较宽,既可以不分级入选,也可以分级入选。跳汰选矿的适应性较强,除非极难选矿,均可优先考虑采用跳汰的方法处理。

1.2.1.1 跳汰选矿基本原理

跳汰分选是在垂直变速介质流中按密度分选的一种方法。根据分选介质,跳汰分选分为水力跳汰和风力跳汰两种。

跳汰分选分层过程如图 1-26 所示。跳汰分选时,在垂直脉冲运动的介质流中按密度分层,结果不同密度的粒子群在高度上占据不同的位置,大密度的粒子群位于下层,小密度的粒子群位于上层,从而实现分离的目的。

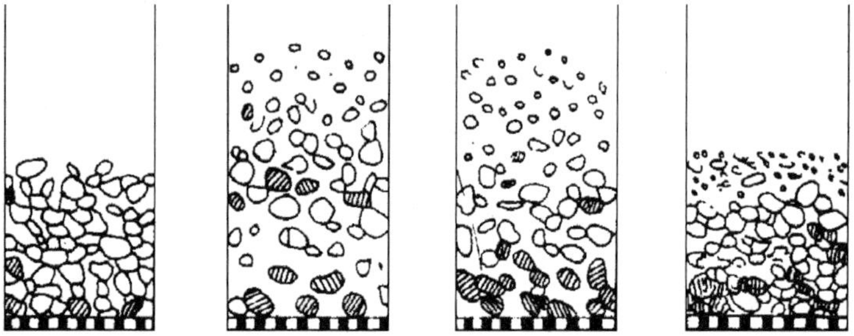

(a) (b) (c) (d)

图 1-26 颗粒在跳汰时的分层过程

1.2.1.2 筛侧空气室跳汰机

筛侧空气室跳汰机是目前我国选矿厂使用较多的跳汰机,根据其用途不同可分为不分级煤用跳汰机、块煤跳汰机和末煤跳汰机 3 种。我国生产的筛侧空气室跳汰机主要有 LTG 型、LTW 型、BM 型和 CTW 型。国外有许多国家生产此类跳汰机,型号也繁多。下面仅以我国的 LTG 型为例做介绍。LTG-15 型筛侧空气室跳汰机的结构、外形尺寸如图 1-27 所示,其主要由机体、风阀、筛板、排料装置、排矸道、排中煤道等部分组成。纵向隔板将机体分为空气室和跳汰室。风阀将压缩空气交替地给入和排出空气室,使跳汰室中形成垂直方向的脉动水流。脉动水流特性取决于风阀结构、转速和给入的压缩空气量。从空气室下部给入的顶水用于改变脉动水流特性,并使物料在床层中松散与分层。分层后的重产物分别经过各末端的排料装置排到机体下部并与透筛的小颗粒重产物相汇合,一并由斗子提升机排出,轻产物自溢流口排至机外。

1.2.1.3 筛下空气室跳汰机

筛下空气室跳汰机与筛侧空气室跳汰机相比,具有水流沿筛面横向分布均匀、质量轻、占地面积小、分选效果好且易于实现大型化的优点。目前筛下空气

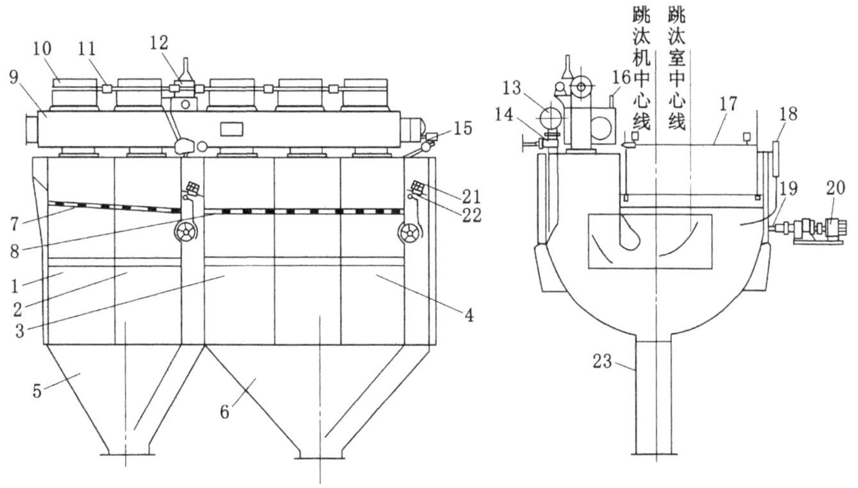

1—机体第一段；2—机体第二段；3—机体第三段；4—机体第四段；5—矸石段漏斗；6—中煤段漏斗；7—矸石段筛板；8—中煤段筛板；9—空气箱；10—风阀；11—链式联轴节；12—风阀传动装置；13—总水管；14—暗插楔式闸门；15—电动蝶阀；16—压力表；17—排料闸门；18—测压管；19—排料装置；20—排料轮传动装置；21—压铁；22—人孔盖；23—检查孔。

图 1-27　LTG-15 型筛侧空气室跳汰机

室跳汰机已在许多国家制造和使用。我国生产的筛下空气室跳汰机主要有 LTX 型、SKT 型、X 型。国外生产的筛下空气室跳汰机影响最为深远的是日本的高桑跳汰机，它是各种形式筛下空气室跳汰机的前身，而目前应用较广泛的是德国的巴达克跳汰机。筛下空气室跳汰机除了把空气室移到筛板下面以外，其他部分与筛侧空气室跳汰机基本相同。它们的工作过程也大致相同，但风阀的进气压力较筛侧空气室跳汰机要大，约为 35 kPa。我国生产的 LTX 系列跳汰机共有 7 种规格，目前生产使用的主要有 LTX-8 型、LTX-14 型和 LTX-35 型。LTX 系列筛下空气室跳汰机的结构如图 1-28 所示。

1.2.2　重介质旋流器

重介质旋流器是利用离心力进行分选的设备。自 20 世纪 40 年代起，人们开始研究在离心力场中进行选矿。在离心力场中，离心力比重力大几十倍甚至几百倍，细粒和密度差别小的物料在离心力场中分选比在重力场中要有效得多，重介质旋流器正是利用了这一原理。

选煤用的重介质旋流器是在分级旋流器的基础上发展起来的。近年来，许多国家在用块煤重介质分选机选煤的同时，对末煤重介质旋流器的使用也越来越广泛。这主要是由于机械化采煤的发展使原煤质量变差，其中细粒物料量逐

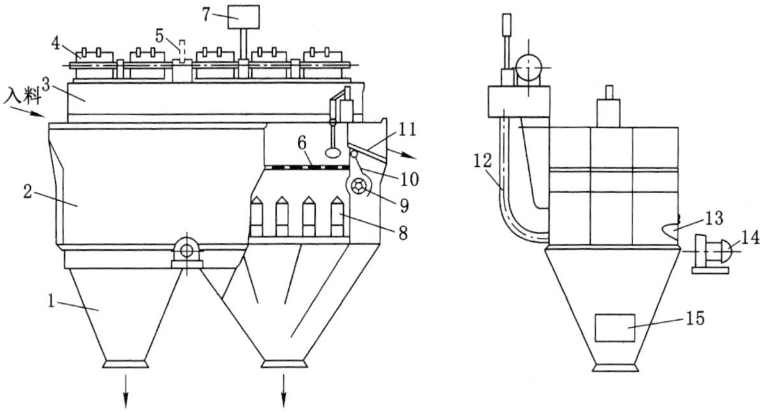

1—下机体；2—上机体；3—风包；4—风阀；5—风阀传动装置；6—筛板；7—水位灯光指示器；
8—空气室；9—排料装置；10—中煤段护板；11—溢流堰盖板；12—水管；
13—水位接点；14—排料装置电动机；15—检查孔。

图 1-28 LTX-14 型筛下空气室跳汰机

渐增多，而用户对精煤的质量要求却在不断提高，这些只有采用重介质旋流器分选才能满足。目前我国已有很多选煤厂都采用重介质旋流器分选原煤、末煤、精选跳汰中煤和跳汰粗精煤等，分选效果很好。

1.2.2.1 构造

重介质旋流器的类型较多，如图 1-29 所示。其按照外形不同，可分为圆筒-圆锥形重介质旋流器和圆筒形重介质旋流器；按照给料方式不同，可分为有压给料重介质旋流器和无压给料重介质旋流器；按照产品数目不同，可分为两产品重介质旋流器和三产品重介质旋流器。

DSM 型重介质旋流器是一种圆筒-圆锥形重介质旋流器，它是目前应用最广泛的一种末煤重介质分选设备。DSM 型重介质旋流器结构示意图如图 1-30 所示。这种旋流器构造简单，本身没有运动部件，其上部为圆筒部分，下部为圆锥部分。在圆筒部设有给料管、溢流室和溢流排出口，中间有溢流管，锥部有底流口。圆锥体角度为 20°，安装角度一般为 10°，底流口和溢流排出口配有不同的口径规格，可满足煤的可选性与处理量不同时的选择。

1.2.2.2 分选过程

原煤和悬浮液的混合物，以一定的压力由给料管沿切线方向给入，旋流器内壁形成一个向下的外螺旋流，同时在旋流器轴心形成一个向上的内螺旋流，轴心为空气柱。在内外螺旋流的作用下，高密度物料随外螺旋流下降至底流口排出，低密度物料随内螺旋流经溢流管进入溢流室，从切线方向的溢流排出口排出，从而使精煤和矸石分离(图 1-31)。

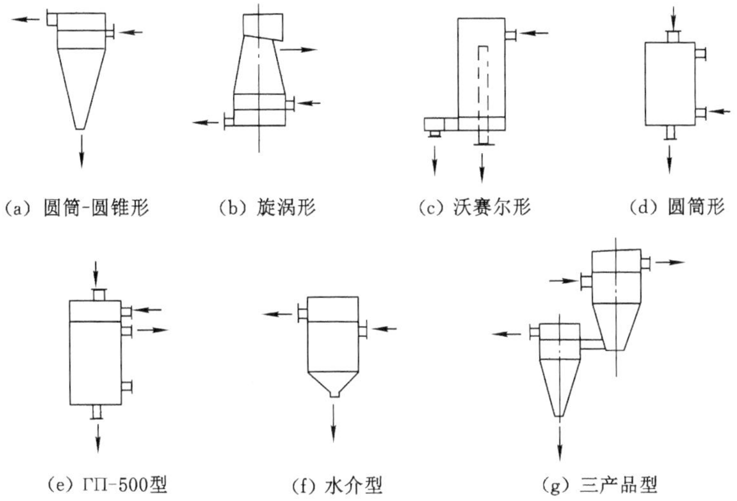

图 1-29　重介质旋流器的类型

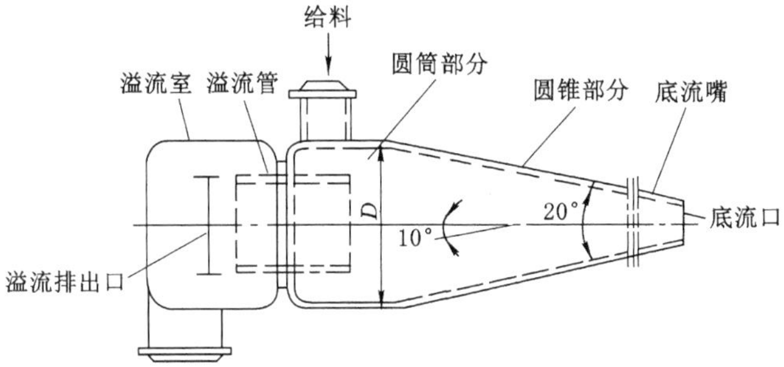

图 1-30　DSM 型重介质旋流器结构示意图

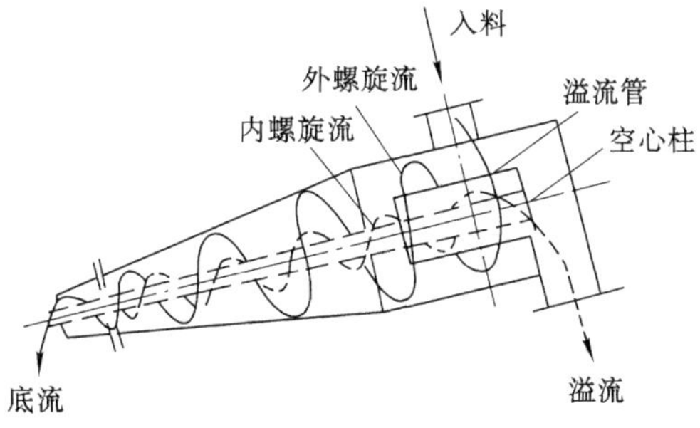

图 1-31　重介质旋流器分选过程

1.2.2.3 三产品重介质旋流器

三产品重介质旋流器是由一台圆筒形旋流器和一台圆锥形旋流器串联而成的。第一段为主选，采用低密度悬浮液分选，选出精煤和再选入料，同时由于悬浮液的浓缩，为第二段准备了高密度悬浮液。第二段为再选，分选出中煤和矸石两种产品。煤炭科学研究总院唐山分院于 1984 年 2 月在彩屯选煤厂进行了 ϕ500/350 三产品重介质旋流器的工业性试验，取得了满意的分选效果。在此基础上，唐山分院又承担了 ϕ710/500 型三产品重介质旋流器的研究课题，并于 1990 年 5 月在鸡西市选煤厂进行了分选 50～0.5 mm 原煤的工业性试验，投入运行以来生产基本正常，效果较好。目前三产品重介质旋流器正朝大型化、自动化方向发展，如 ϕ1300/920 等大型三产品重介质旋流器。

ϕ710/500 型三产品重介质旋流器是由两台旋流器串联而成的，如图 1-32 所示。原煤和低密度悬浮液混合后，给入第一段旋流器，在强大的离心力作用下，物料得到分选，选出精煤产品且使悬浮液得到了浓缩，为第二段准备了高密度的悬浮液。第一段旋流器的底流与高密度悬浮液一起进入第二段旋流器再选，选出中煤和矸石。

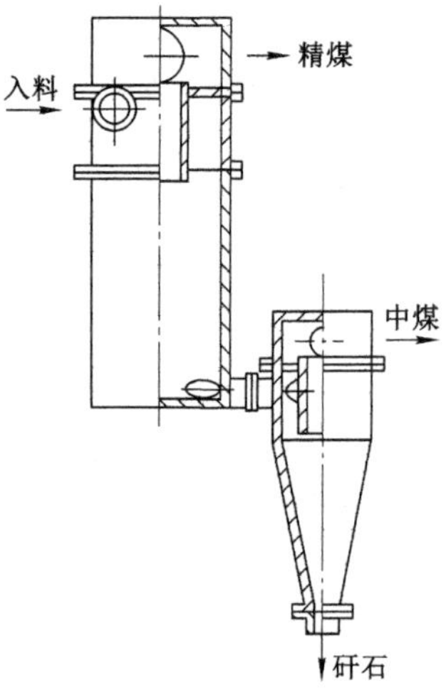

图 1-32 ϕ710/500 型三产品重介质旋流器

1.2.3 磁选机

1.2.3.1 磁选机工作原理

磁选是利用固体颗粒中各种物质的磁性差异在不均匀磁场中进行分选的一种处理方法。固体颗粒在磁选机中磁选分离示意图如图 1-33 所示。

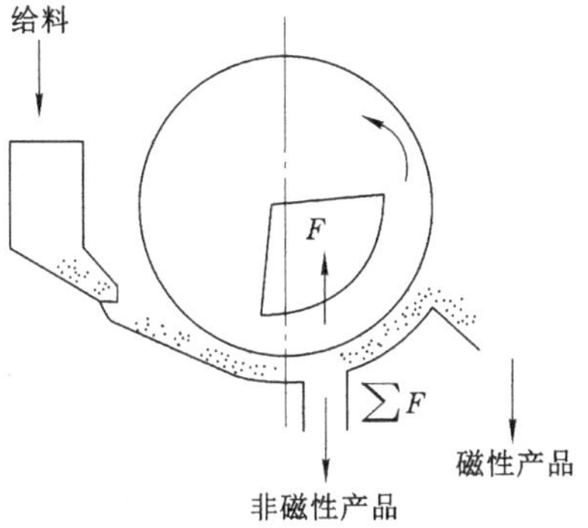

图 1-33　颗粒在磁选机中的分离示意图

固体颗粒进入磁选机后，磁性颗粒在不均匀磁场作用下被磁化，受磁场吸引力的作用，使磁性颗粒吸在圆筒上，并随着圆筒进入排料端排出。非磁性颗粒由于所受的磁场作用力很小，仍留在矿浆中而被排出。

1.2.3.2　湿式 CTN 型永磁圆筒式磁选机

湿式 CTN 型永磁圆筒式磁选机分为顺流型和逆流型两种，常用的为逆流型。图 1-34 所示为湿式逆流型永磁圆筒式磁选机的构造图。它的给料方向和圆筒旋转方向或磁性物质的移动方向相反。固体颗粒由给料箱直接进入圆筒的磁系下方，非磁性物质由磁系左边下方的底板上排料口排出。磁性物质随着圆筒逆着给料方向移到磁性物质排料端，排入磁性物质收集槽中。

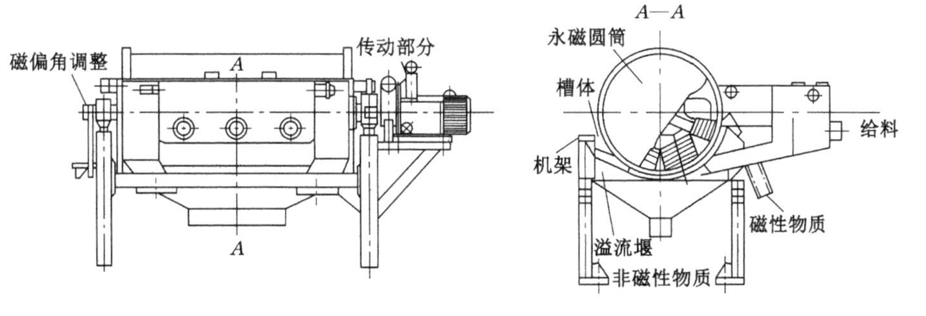

图 1-34　湿式逆流型永磁圆筒式磁选机构造图

1.2.4　电选机

1.2.4.1　电选原理

目前使用的电选机，按电场特征主要分为静电分选机和复合电场分选机两种。

1. 静电分选机电选原理

静电分选机中矿物的带电方式为直接传导带电。矿物颗粒直接与传导电极接触，导电性好的矿物颗粒将获得和电极极性相同的电荷而被排斥，导电性差的矿物颗粒或非导体与带电滚筒接触被极化，在靠近滚筒一端产生相反的束缚电荷被滚筒吸引，从而实现不同电性的矿物分离。

静电分选机既可以从导体与绝缘体的混合物中分离出导体，也可以对不同介电常数的绝缘体进行分离。静电分选装置的主要部件是由一个带负电的绝缘滚筒与靠近滚筒和供料器的一组正电极组成，当固体颗粒接近滚筒表面时，由于高压电场的感应作用，导体颗粒表面发生极化作用而带正电荷，被滚筒的聚合电场所吸引。而接触后，由于传导作用又使之带负电荷，在库仑力的作用下又被滚筒排斥，脱离滚筒而下落。绝缘体因不产生上述作用，被滚筒迅速甩落，达到导体与绝缘体的分离。对于不同介电常数的绝缘体，静电分选是将待分离的混合颗粒悬浮于其介电常数介于两种绝缘体间的液体中，在悬浮物间建立汇聚电场，介电常数高于液体的绝缘体向电场增强的方向移动，低介电常数的绝缘体则反向移动，以达到分离目的。

2. 复合电场分选机电选原理

复合电场分选机的电场为电晕-静电复合电场。目前大多数电选机应用的是电晕-静电复合电场。电晕电场是不均匀电场，在电场中有两个电极：电晕电极（带负电）和辊筒电极（带正电）。当两电极间的电位差达到某一数值时，负极发出大量电子，并在电场中以很高的速度运动。当它们与空气分子碰撞时，便使空气分子电离。空气的负离子飞向正极，形成体电荷。导电性不同的物质进入电场后，都获得负电荷，但它们在电场中的表现行为不同。导电性好的物质将负电荷迅速传给正极而不受正极作用；导电性差的物质传递电荷速度很慢，而受到正极的吸引作用。利用这一差异分离导电性不同的物质，如电晕电选机。在电晕电选机中，不同矿物颗粒分离过程如图 1-35 所示。

1.2.4.2 电选设备

目前常用的电选机有辊筒式静电分选机和 YD-4 型高压电选机两种，如图 1-36 所示。

辊筒式静电分选机的分选过程为：将含矿物料通过电振给料器均匀地给到带电辊筒上，导体矿物从辊筒电极获得相同符号的大量电荷，因而被辊筒电极排斥落入导体收集槽内。非导体与带电辊筒接触被极化，在靠近辊筒一端产生相反的束缚电荷，被辊筒吸住，随辊筒带至后面被毛刷强制刷落进入非导体收集槽，从而实现矿物分离。

YD-4 型高压电选机具有较宽的电晕电场区、特殊的下料装置和防积灰漏

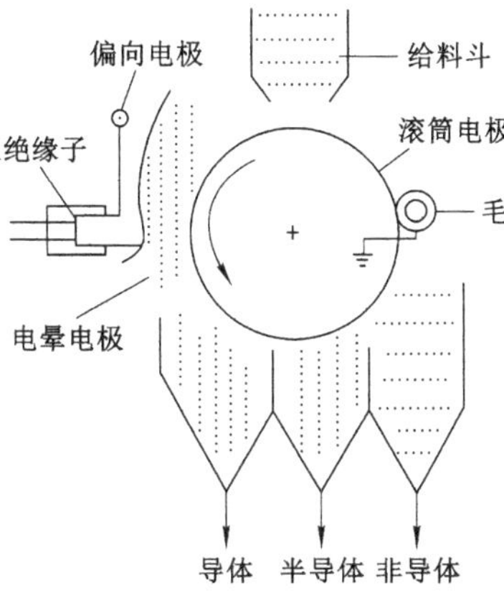

图1-35 矿物颗粒在电晕电场中的分离过程

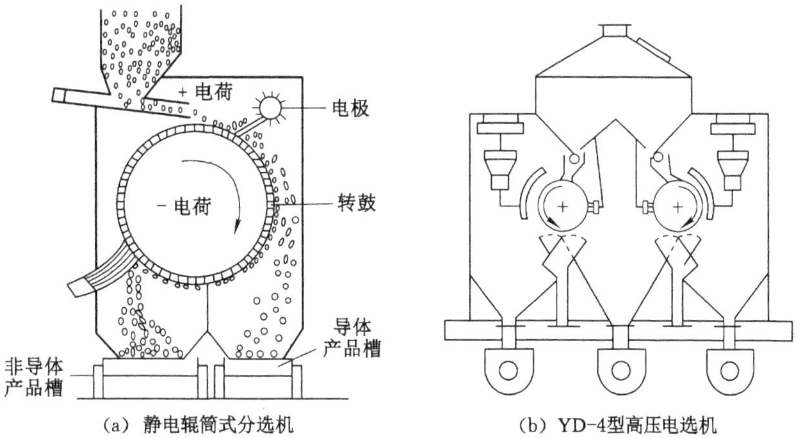

(a) 静电辊筒式分选机　　(b) YD-4型高压电选机

图1-36 电选机结构与工作原理示意图

电措施，整机密封性能好，采用双筒并列式，结构合理、紧凑，处理能力大，效率高。该机分选过程为：将矿物给到旋转接地辊筒上，带入电晕电场后，导体颗粒由于导电性良好，很快失去电荷，进入静电场后从辊筒电极获得相同符号的电荷而被排斥，在离心力、重力及静电斥力综合作用下落入集矿槽成为精矿。而非导体颗粒由于导电性较差，能保持电荷，与带符号相反的辊筒相吸，并牢固地吸附在辊筒上，最后被毛刷强制落入集灰槽，从而实现矿物分离。

1.2.5 浮选机

浮选主要指泡沫浮选，它是按固体颗粒表面物理化学性质的差异来分离各种细粒的一种方法。

浮选过程是气、液、固三相体系中完成的复杂的物理化学过程，疏水的有用固体颗粒黏附在气泡表面上浮形成泡沫层，亲水的固体颗粒留在水中，实现彼此分离。浮选的基本过程如图 1-37 所示。

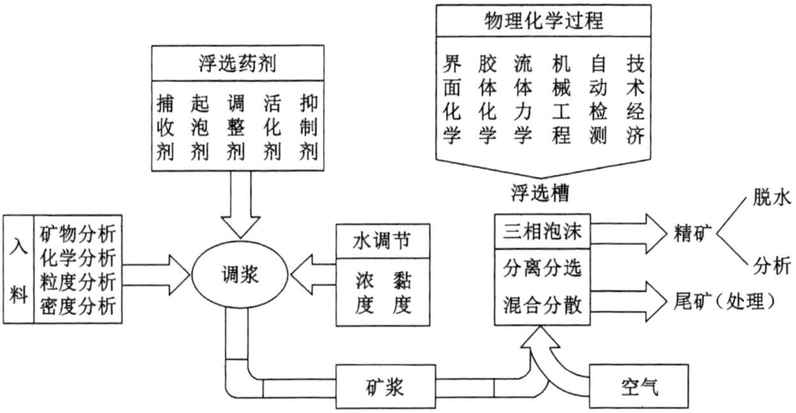

图 1-37　浮选的基本过程示意图

1.2.5.1　浮游分选的基本原理

固体矿物根据表面性质可分为极性矿物和非极性矿物，它们与强极性水分子作用的程度不同，非极性矿物表面分子与极性水分子之间的作用力属于诱导效应和色散效应的作用力，比水分子之间的定向力和氢键作用要弱许多；极性矿物质颗粒表面与水分子的作用是离子与极性水分子之间的作用，在一定范围内作用力超过水分子之间的作用力。因此，非极性矿物颗粒表面吸附的水分子少而稀疏，其水化膜薄而易破裂；而极性矿物颗粒表面吸附的水分子多而密集，其水化膜厚且很难破裂。非极性矿物的表面所具有的这种不易被水润湿的性质为疏水性，极性矿物质表面所具有的这种容易被水润湿的性质为亲水性。疏水性和亲水性只是定性表示物质的润湿性，物质润湿性可用气、液、固三相的接触角 θ 来定量表示。若物质表面极亲水，气相不能排开液相，接触角为 0°；反之，若物质表面极疏水，气相完全排开液相，则接触角为 180°。但实际上，物质的接触角还未发现有超过 180°的，所以各种物质的接触角都在 0°～180°之间。接触角 θ 的大小取决于气泡、矿物表面和三相界面张力的平衡状态，如图 1-38 所示。

由于矿浆中矿物颗粒各自的湿润特性的差异，当非极性矿物颗粒与气泡发生碰撞时，气泡易于排开其表面薄且容易破裂的水化膜，使矿物颗粒黏附到气泡的表面，从而进入泡沫产品；极性矿物颗粒与气泡碰撞时，颗粒表面的水化膜很

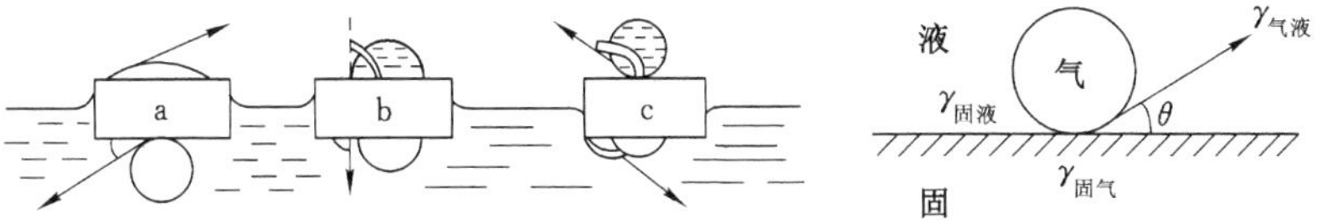

(a) 固体表面的润湿角　　(b) 三相界面张力平衡形成的接触角

图 1-38　润湿角与接触角

难破裂,气泡很难附着到矿物质颗粒的表面上,因此极性矿物质留在料浆中,从而实现分离。

1.2.5.2　浮选设备

浮选设备包括浮选机和浮选柱。浮选机根据充气方式可分为机械搅拌式浮选机和非机械搅拌式浮选机;浮选柱可分为传统浮选柱和新型浮选柱。

1. 浮选机

我国使用最广的是机械搅拌式浮选机,根据供气方式的不同又可分为压气式和空气自吸式。空气自吸式机械搅拌浮选机的结构示意图如图 1-39 所示。

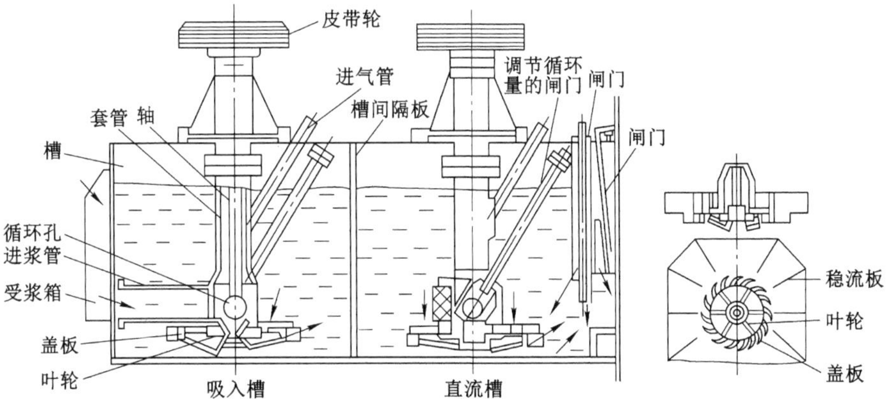

图 1-39　空气自吸式机械搅拌浮选机的结构示意图

这种浮选机由两个槽构成一个机组,第一个槽(带有进浆管)为抽吸槽或称吸入槽,第二个槽(没有进浆管)为自流槽或称直流槽。在第一个槽与第二个槽之间设有中间室。叶轮安装在主轴的下端,主轴上端有皮带轮,通过电机带动旋转。空气由进气管吸入。每一组槽的料浆水平面用闸门进行调节。叶轮上方装有盖板和空气筒(或称竖管),此空气筒上开有孔,用于安装进浆管、返回管或作料浆循环之用,其孔的大小可通过拉杆进行调节。浮选机工作时,料浆由进浆管给到盖板的中心处，叶轮旋转产生的离心力将料浆甩出，在叶轮与盖板间形成一定的负压，外界的空气便自动地经由进气管而被吸入，与料浆混合后一起被叶轮甩出。在叶轮的强烈搅拌作用下，料浆与空气得到充分的混合，同时气流被分割成细小的气泡，欲选矿物颗粒与气泡碰撞黏附在气泡上而浮升至料浆表面形成泡沫层，经刮泡机刮出成为泡沫产品，再经消泡脱水后即可回收。

2. 浮选柱

(1) 传统浮选柱

图 1-40 是国产浮选柱结构示意图，为高 6～7 m 的圆柱体，底部装有一组微孔材料制成的竖管充气器，上部设有给矿分配器，给入的料浆均匀分布在柱体的横断面上缓缓下降，在颗粒下降过程中与上升的气泡碰撞，实现矿化。浮选柱内浮选区的高度远大于其他浮选机，因此矿物颗粒与气泡碰撞和黏着的概率大。浮选区内料浆气流的湍流强度较低，黏附在气泡上的疏水性矿物颗粒不易脱落。浮选柱的泡沫层可达数十厘米，二次富集作用特别显著，且可向泡沫层淋水加以强化，往往一次粗选便可获得高质量最终精矿。如加拿大研制的浮选柱高达 12～15 m，这种浮选柱的最显著特点也是正压微孔充气和气泡与矿物颗粒的逆流碰撞矿化。浮选柱在我国已应用多年，选择性好，适于对细粒矿物进行有效分选，但充气器易堵塞是其推广应用的主要障碍。

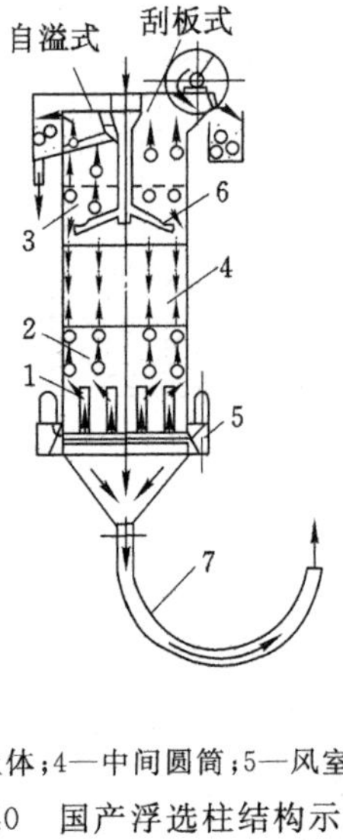

1—竖管充气器；2—下体；3—上体；4—中间圆筒；5—风室；6—给矿分配器；7—尾矿管。

图 1-40 国产浮选柱结构示意图

(2) 新型浮选柱

近年来，国内外对浮选柱进行了深入广泛的研究，新型充气器和新型结构已用于工业生产，其中最引人注目的有静态浮选柱、微泡浮选柱和旋流浮选柱。

① 静态浮选柱

静态浮选柱是美国于 1986 年研制的，如图 1-41 所示，其特点是在柱中充填波纹板，形成众多孔道，当空气通过众多孔道时被粉碎成气泡。两层波纹板在堆放时呈直角相交，同一层中相邻两块板的波纹又是交叉的，这样可使浆气混合物均匀地分布在整个断面上，延长了矿物颗粒和气泡的停留时间。上升的气泡被强制地与矿物颗粒接触，增加了矿化概率。顶部给入的淋洗水顺着孔道向下流，不断带走杂质，尾矿从底部阀门排出。

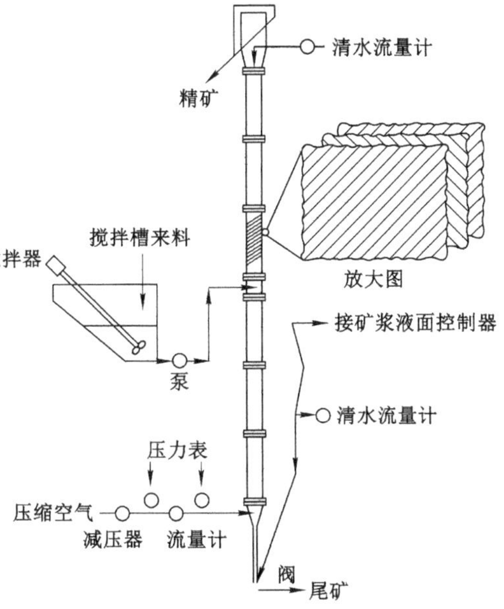

图 1-41　静态浮选柱结构示意图

② 微泡浮选柱

图 1-42 是微泡浮选柱结构图，其特点是采用新型的微泡发生器。这种多孔管微泡发生器是在压力管道上设置一个微孔材质的喉管，喉管通过密封的套管同压缩空气相连，当料浆快速经过喉管时，压缩空气经过套管从多孔材质的喉管壁进入料浆，形成微泡，并立即被流动的料浆带走。微泡浮选柱的高度与直径比值在 10～15 之间，由所需的浮选时间而定。料浆由上部柱高 2/3 处给入，泡沫层厚度 0.6～0.8 m，与柱高和直径无关。淋洗水加入泡沫中间（可由试验确

定),水量按断面计算时约 20 $cm^3/(cm^2 \cdot min)$。

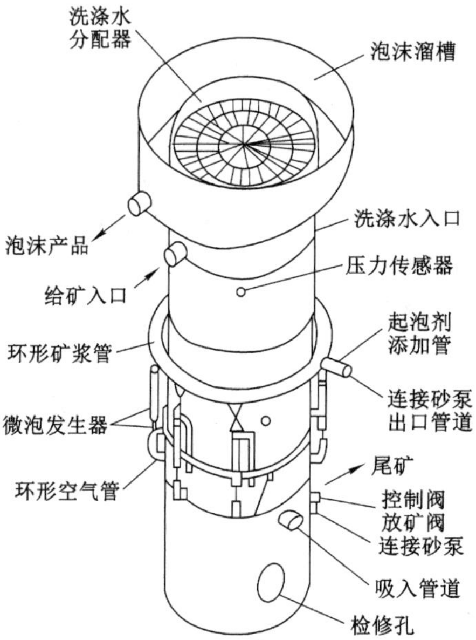

图 1-42　微泡浮选柱结构示意图

③ 旋流微泡浮选柱

FCMC 型旋流微泡浮选柱在 1992 年投入工业应用以来已形成直径 1 m、1.5 m、2 m、3 m 的系列规格。旋流微泡浮选柱的结构和原理如图 1-43 所示,包括浮选段、旋流段和气泡发生器三部分。浮选段又分两个区:旋流段与入料点之间的捕集区(又称矿化区)和入料点与溢流口之间的泡沫区(又称精选区)。在浮选段顶部设有冲水装置和泡沫料浆收集槽。给料管位于柱顶约 1/3 处,最终尾矿从旋流器的底流口排出。气泡发生器位于柱体外部,沿切线方向与旋流段相衔接。气泡发生器上设有空气入管和起泡剂添加管。

气泡发生器利用循环料浆加压喷射的同时吸入空气与起泡剂,进行混合和粉碎气泡,并通过压力降低释放、析出大量微泡,然后沿切线方向进入旋流段。气泡发生器在产生合适气泡的同时,也为旋流段提供旋流力场。

含气、固、液三相的循环料浆沿切线高速进入旋流段后,在离心力作用下做旋流运动,气泡和已矿化的气固絮团向旋流中心运动,并迅速进入浮选段。气泡与从上部给入的料浆反向运动、碰撞并矿化实现分选。旋流段的作用是对在浮选段未完全分选的矿物颗粒进行扫选,以提高回收率。

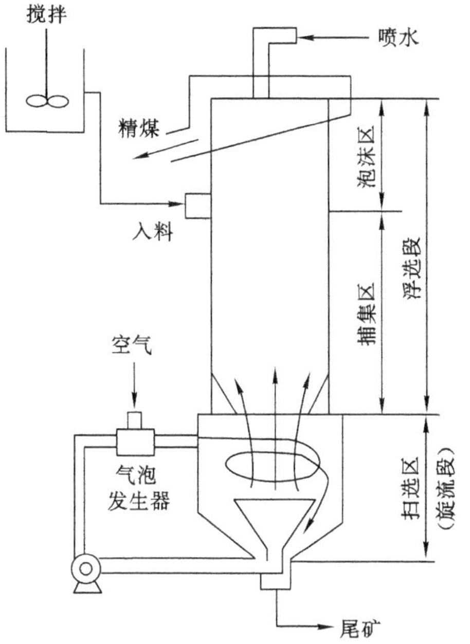

图 1-43　旋流微泡浮选柱结构示意图

第 2 章　模型制作工具与使用

2.1　产品模型概述

2.1.1　产品模型的相关概念

产品模型是根据产品设计的不同阶段，按构思内容或设计图样对产品的形态、结构、功能及其他产品特征进行设计表达而形成的实体或虚拟模型。

如图 2-1 所示为使用聚氨酯硬质发泡材料经表面涂饰制作的矿山机械汽车模型。

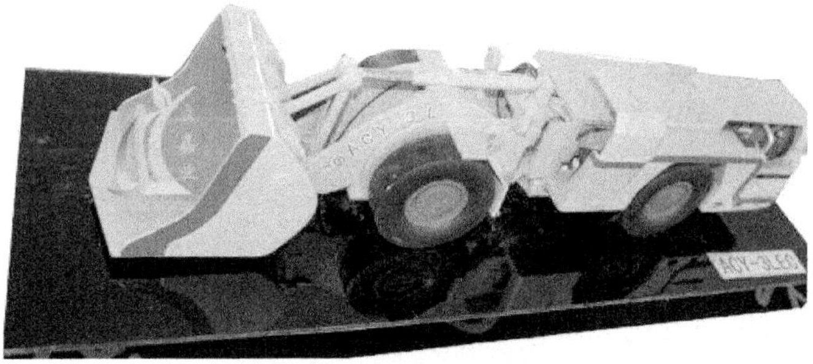

图 2-1　矿山机械汽车模型

(1) 产品模型与产品原型

产品模型也称产品原型，都是用于描述产品、服务或系统的初始三维呈现的术语。

各行各业都有自己的产品，每个行业进行新的产品开发都有一个从概念向现实转化的过程，能够承载概念的任何事或物都可以称为产品原型。例如，UI 设计师的界面使用流程策划、工程师设想的结构连接状况等，都可称为产品原型。由于产品原型在产品设计中所包含的范围和内容更广，因此这个术语在产品设计中应用得越来越广泛。

产品模型始终跟随产品设计的全过程，每一阶段的设计所使用的模型都有各自的作用与价值。模型主要是用来描述产品外观及各种功能的设计内容，通过模型验证设计的合理性并寻求解决方案。

(2) 产品模型的类型

目前，在产品设计中经常使用如下几种类型的模型进行设计表达，每种类型的模型都有各自的价值，在不同的设计阶段发挥不同的作用。

① 手工模型

通过手工的方式并借助工具、设备对材料进行加工制作的模型，习惯上称为手工模型。如图2-2所示。

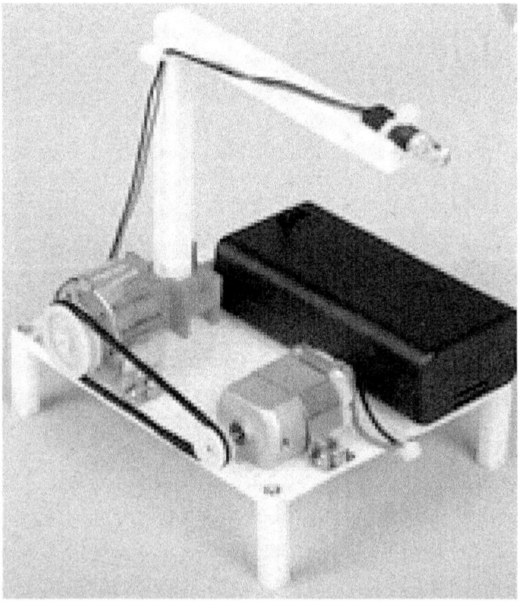

图2-2 手工模型

② 数字模型

使用计算机技术、通过CAD软件建立的产品虚拟模型称为数字模型。

通过数字模型可以虚拟表现产品的功能、结构、装配关系等设计内容。如图2-3所示为使用UG工程软件建立的数字同质均化器模型。

③ 快速成型

快速成型(rapid prototyping，简称RP)是20世纪80年代末出现的涉及多学科、新型综合性的先进制造技术，是在CAD/CAM(计算机辅助设计/计算机辅助制造)技术、激光技术、多媒体技术、计算机数控加工技术、精密伺服驱动技

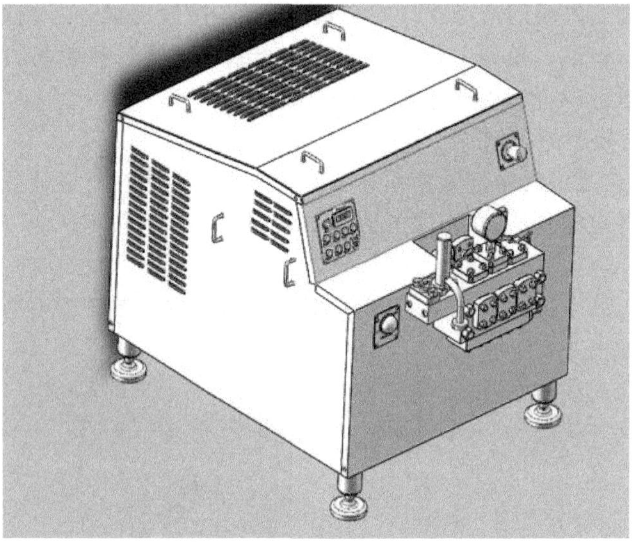

图 2-3　数字同质均化器模型

术以及新材料技术的基础上集成发展起来的高新制造技术。其应用领域非常广泛，快速成型技术也为产品模型制作提供了新的成型与设计应用的方法，如图 2-4 所示。

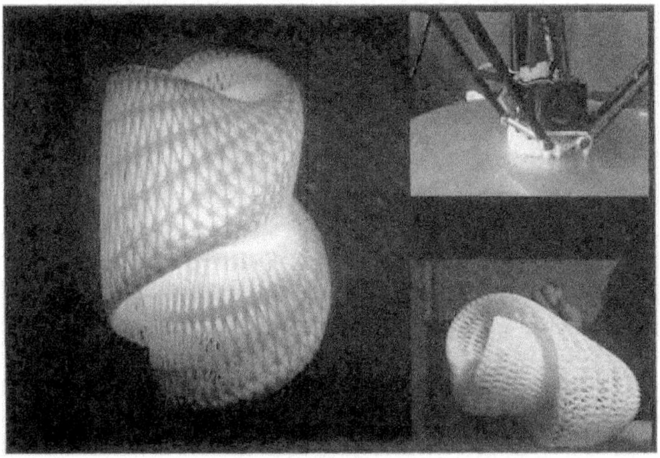

图 2-4　快速成型技术

④ 不同类型的模型在设计环节中的转换使用

每种类型的模型都有各自的价值，在不同的设计阶段发挥不同的作用。

在产品设计研发阶段，手工制作模型具备直观效果，能够直接进行设计体验，制作过程中更容易构思出早期的设计想法，具有即时调整与快速表达设计构思的优势，是表达设计构思不可或缺的重要方法。

随着计算机技术的不断发展，产品设计中利用 CAD 软件虚拟构建产品模型，实现虚拟表现、虚拟测试、虚拟实验过程，已经成为产品开发的新方式，在设计中发挥着重要的作用。例如，利用数字模型绘制产品级的外观展示效果、借助虚拟建模的精确性模拟组合零件之间的干扰测试、借助工程软件的有限元分析功能虚拟测试产品静负荷受力情况下的变形分析等。

利用快速成型技术可提高模型制作的效率，辅助设计表达的能力比较强，只需电脑连通数控加工设备即可实现制作过程；快速成型技术的应用可缩短产品从研发到批量投产的周期，提高了企业产品在市场上的快速响应能力。

作为产品设计师，应该在实体模型和虚拟模型之间实现自由转换，发挥各自的优势，应学会驾驭不同的表现手段和方法来服务于设计。

(3) 产品模型的“迭代”

较上一个模型的更新，每个新版本通常被称为一个“迭代”。

产品模型的改进一直伴随整个设计流程，随着设计的不断深入，模型会随设计内容的更新不断发生变化，逐渐被更完善的“迭代”模型所替代。

如图 2-5 所示为矿业设备中电源插头的模型“迭代”。通过模型的“迭代”，表达更为完善的设计内容。

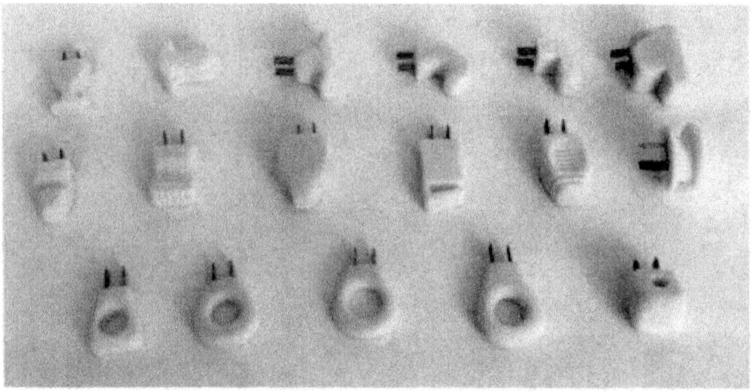

图 2-5　矿业设备中电源插头的模型“迭代”

2.1.2　产品模型制作的意义与作用

工业设计师通过对科学与艺术的完美结合以及多学科知识体系的综合运用，创造性地构思了既具备科技因素，又富含艺术气息和文化内涵的设计概念。

符合人们需要的、合理的产品设计概念的最终目的是要转化为被人们使用的产品。产品模型制作的意义与作用在于能够使产品设计概念实体形象化，通过产品模型实现向真实产品的过渡与转化。

(1) 产品模型的构建是创造性的设计实践过程

一个产品概念要转变成一件真正的产品需要进行大量的前期工作，不仅仅只是停留在纸面设计或是在电脑上绘制效果图那样简单。从设计到生产要经历复杂的过程，其间会遇到很多问题。例如，如何在设计研发过程中尽量避免出现设计缺陷、如何防止在投产阶段出现生产方面的问题、如何最大限度地降低研发成本等。通常情况下，设计师在设计阶段就会及时将产品概念形象化，使概念成型为“产品”，并以该“产品”为介质，用于综合表现设计内容，这个介质就是产品模型。设计研发过程中通过产品模型的构建过程，实现了从产品概念到产品现实的转化过程。

产品模型在现代工业产品设计过程中发挥着重要作用，与二维平面表现方式截然不同，由于产品模型是以一个真实空间体的形式出现的，所以能够立体、全方位地展示设计内容，能给人们非常强烈的直观感受。在设计阶段通过产品模型的构建过程，设计师首先具备了立体表达设计内容的能力，通过产品模型表达产品设计方案，使设计内容具备了真实的体验感。

模型制作与表现的过程实际上是设计的再深入过程，以产品模型为介质进行设计实践活动，不但可以成为表达、分析、评价和验证设计的实物依据，更为重要的是通过产品模型的构建过程能够不断激发设计师的设计联想，结合对新学科知识、新技术、新材料在设计中的应用，创造性地进行产品设计研发。用产品模型综合表达设计内容是设计师设计创新能力的重要体现。

如图 2-6 所示为挖沙选金设备模型。经过前期的草图设计方案分析和功能试验，从众多方案中选择有效方案进行设计表现，通过模型制作过程逐渐掌握立体表现方法，同时对材料特性、加工工艺、生产流程等应用方面收获更多。

(2) 产品模型的构建是综合协调新产品研发问题的有效方法

产品开发过程中会存在许多未知或未解的问题，越复杂的产品设计所涉及的规则和原理也就越多，多种问题的交织使得设计变得错综复杂。

长期的设计实践证明，产品模型是实现从研发到正式生产之前的关键环节与重要保障，产品模型的构建过程就是协调和解决新产品研发中出现的系列问题的过程，产品模型的构建是一种合理、有效的设计方法。

通过产品模型可以使设计团队进行面对面的交流与探讨，通过交流不断拓展设计思路。由于产品模型能给人以直观的设计感受，将产品模型作为一种综合表现设计内容的载体，用于表达和模拟产品的外观、功能、结构，协调和解决各

图 2-6　挖沙选金设备模型

个设计要素之间的关系问题，如形态设计、功能实验、结构应用、人机测试、材料运用、制造工艺等。

在设计过程中，使用模型对设计内容进行反复推敲，能及时找出设计中存在的缺陷与问题，进而可以有序、渐进地提出协调和解决问题的方案与设想。

另外特别提醒的是，设计师将模型制作、草图表现和电脑制作有机结合，在产品研发阶段综合三者进行表达设计，是现代产品设计师必备的专业基础能力。

(3) 产品模型的构建是交流、评价、展示、验证设计的实物依据

为避免因设计失误而造成的各种损失，在产品正式投产之前，可借助产品模型实现设计师之间的设计交流，也可以形成设计师、客户、用户之间的互动。产品模型是交流、评价、展示、验证设计的实物依据，用于满足三方之间的不同需求。

通过产品模型可以对产品的造型形态、表面色彩、材质肌理等外部特征进行展示；通过产品模型可以完成对人机关系的综合研究与分析；通过产品模型可以制订产品生产工艺路线、进行生产成本核算等。以产品模型为依据既能综合体现设计内容，以确保未来产品能够正常发挥预期作用，也能为产品正式投产之前对各种设计指标的测试与评估提供实物验证依据，通过模型最终确定是否可以进行批量生产。因此，产品模型在设计中发挥着重要的作用。

如图 2-7 所示是一款矿山机械——碎碎板方案设计。经过对碎碎板设计方案的多次调整与改进，最终确定设计方案。

通过模型制作对各项设计指标进行综合验证，也用于进行交流、评价与展示，给客户、用户更为直观的设计感受。

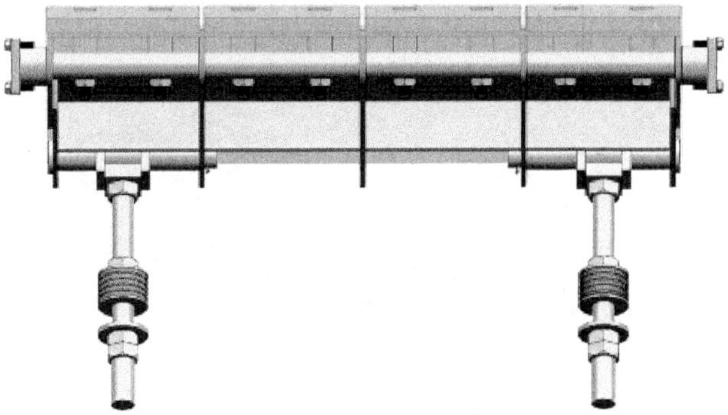

图 2-7　碎碎板方案设计图

2.2　模型制作常用材料及其特性

材料是人类赖以生存和发展的物质基础，由材料制成的产品小到一根针、大到一件交通工具，都与人类生产、生活密切相关，已经充实到人类社会的方方面面。

由于现有的材料多种多样，分类方法也就没有一个统一的标准。一般按物理、化学属性来分，可分为金属材料、无机非金属材料、有机高分子材料和不同类型材料所组成的复合材料。在这四大种类的材料中，可用于产品模型制作的材料种类很多，在制作模型之前，应当充分考虑材料对模型表达设计的影响，并根据设计的不同阶段选择适合的材料进行制作表现，以满足各设计阶段的设计要求。

另外，随着科学技术的不断进步，新型材料不断出现，必将会给人类的未来带来更广泛的影响。探索与发现具有非常紧密的联系，仅仅依靠已知材料进行设计应用将限制产品设计开发的潜力，了解材料的现状、类别、性质、应用及发展趋势，探索新材料及新技术在设计上的应用，对于产品创新性设计也是非常重要的。

很多无机非金属材料、有机高分子材料和复合材料都非常适合模型制作。经常被选择用于模型制作的材料有油泥、石膏粉、纸类、木材类、塑料类、橡胶类等，这些都是制作模型比较理想的材料，由于这些材料的成型性好，塑造表现性很强，在制作过程中对加工条件的限制较小，制作速度快，而且材料成本与制作成本相对较低，比较容易完成制作过程，所以被广泛用于产品模型制作中。金属材料又分为有色金属和黑色金属，两种类型的金属材料也经常用于产品模型制作。使用金属材料进行模型制作成本比较高，制作难度较大，但设计中确有实际需要必须使用金属材料，应确保产品的性能指标。

2.2.1　矿业模型中使用的油泥材料

产品模型专用油泥是一种人工合成材料，主要成分有灰粉、油脂、树脂、硫黄、颜料等。模型专用油泥材料的价格比较高，市场上有专用的模型油泥出售，如图 2-8 所示。油泥材料的可塑造性极强，黏合性强，具有良好的加工性，可以制作出极其精细的形态；油泥不受水分的影响，不易干裂变形；油泥非常突出的特性是遇热变软，软化温度在 60 ℃以上，在常温状态下油泥具有一定的硬度与强度，该特性使得加工过程中随时需要一个可以控制温度的热源，特别是在初期的基本形态塑造阶段，需要材料保持一定的软化温度才能进行正常的操作。油泥材料适于制作交流展示模型、功能实验模型。

图 2-8　油泥

2.2.2　矿业模型中使用的石膏

石膏是一种含水硫酸钙矿物质，呈无色、半透明、板状的结晶体。未经煅烧处理的石膏称为生石膏，石膏经过煅烧失去部分水分或完全失去水分以后形成白色粉状物，称为半水石膏或熟石膏，用于模型制作的石膏粉是已经脱去水分的无水硫酸钙。石膏价格便宜，市场有售，如图 2-9 所示。

石膏粉质地比较细腻，是一种非常理想的模型制作材料。石膏粉与水融合发生化学反应凝固成型，在石膏溶液凝固之前具有比较好的流动性，可以借助模具浇注出各种各样的形状；凝固后的石膏具有很好的硬度与强度，易于刮削、打磨，既可以塑造产品形态，也可以制作压型模具或者胎具。

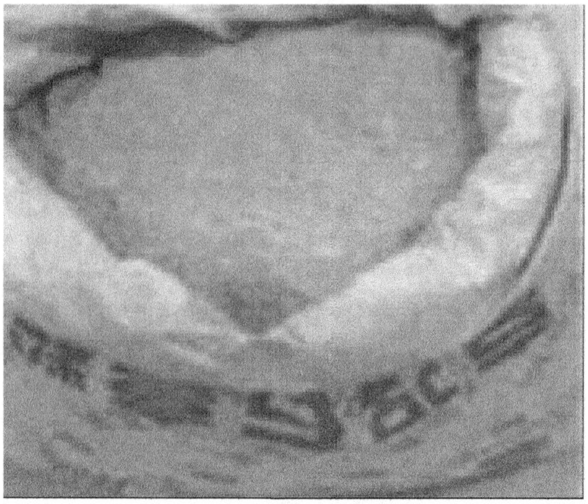

图 2-9　石膏

使用石膏制作的模型可长期保存。石膏适于制作标准原型、交流展示模型。

2.2.3　矿业模型中使用的纸质材料

造纸术是中国古代四大发明之一，它给中国古代文化的繁荣提供了物质和技术的基础，大大地促进了文化的传播与发展，纸也随着丝绸之路逐渐走向世界。

纸是以植物纤维为原料，经不同加工方法制得的纤维状物质，现在已被广泛应用于人们的生活和工作中。纸的种类繁多，如果按用途可分为包装用纸、印刷用纸、工业用纸、生活用纸、办公用纸、特种纸等。

纸质轻，具有一定的强度与韧性，便于加工、操作，用于模型制作的纸张主要是箱板纸和板纸，箱板纸具有一定支撑的强度，板纸具有一定的厚度，硬度比较大。箱板纸和板纸价格比较便宜，市场有售，如图 2-10 所示。

在产品模型制作中，经常将纸作为替代材料，可以快速表达设计构思，主要用于设计初期构建产品基本形态、模拟运动方式、表现结构设计等。

2.2.4　矿业模型中使用的塑料材料

塑料是由合成树脂及助剂（助剂又称添加剂）构成的。树脂是指尚未和各种

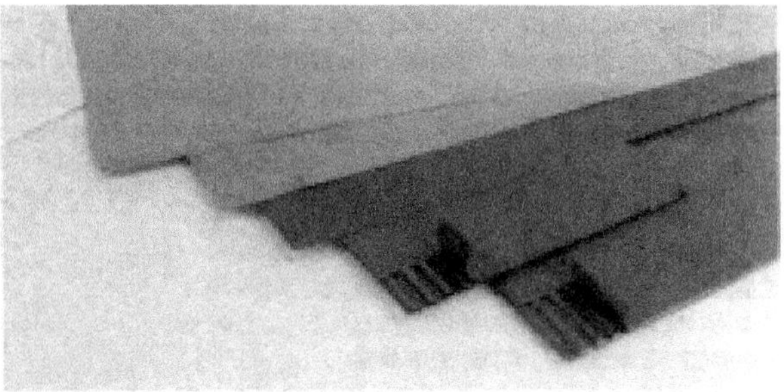

图 2-10　纸质材料

添加剂混合的高分子化合物。树脂这一名词最初是由动植物分泌出的脂质而得名，如松香、虫胶等；助剂（添加剂）主要是填料、增塑剂、稳定剂、润滑剂、色料等。组成塑料的主要成分是树脂，经过化学手段进行人工合成而被称为塑料树脂的种类繁多，如果按照合成树脂是否具有可重复加工性能对其进行分类，可将合成树脂分为热塑性树脂和热固性树脂两大类。

1. 聚氨酯硬质发泡材料

聚氨酯材料是聚氨基甲酸酯的简称，它是一种高分子材料。聚氨酯材料是一种新兴的有机高分子材料，被誉为“第五大塑料”，加入不同的添加剂聚合后形成不同的种类与用途，可有泡沫塑料（软、硬、半硬）、弹性体、氨纶、胶黏剂、涂料、油漆等多种存在形态。因其卓越的性能而被广泛应用于众多工业领域，产品应用领域涉及轻工、化工、电子、纺织、医疗、建筑、建材、汽车、国防、航天、航空等。

在产品模型制作中，经常使用聚氨酯硬质发泡材料进行快速表达，该材料具有一定的硬度和强度，加工操作时简单、方便，市场有售，如图 2-11 所示。

2. 热塑性塑料

热塑性塑料如聚乙烯、聚丙烯、聚氯乙烯等，在加工成型过程中一般只发生熔融、溶解、塑化、凝固等物理变化，可以多次加工或回收，具有可重复加工性能。

热塑性塑料质轻，常温情况下的弹性、韧性、强度也比较高；热塑性塑料的物理延伸率较大，具有良好的模塑性能，制作曲面形态时需要事先制作压型模具，要求有比较熟练的制作技术；具备机加工性能，可以进行车、铣、钻、磨等加工，通过模塑加工或机加工成型后的模型精致、美观。

手工模型制作中常使用聚甲基丙烯酸甲酯（PMMA 有机玻璃）、丙烯腈-丁二烯-苯乙烯（ABS）、聚氯乙烯（PVC）等热塑性塑料作为模型材料。

手工模型制作所使用的热塑性塑料是半成品制品，主要有板材、管材、棒料等，市场均有销售。如图 2-12 所示为 PMMA、ABS、PVC 等塑料。

图 2-11　塑料材料

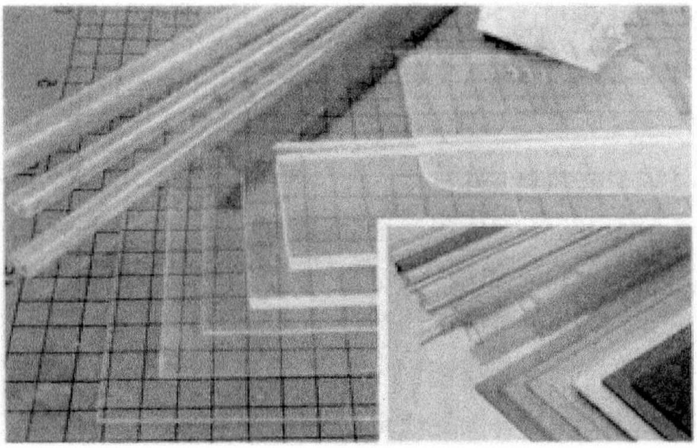

图 2-12　热塑性塑料

3. 热固性树脂

热固性树脂如环氧树脂、酚醛树脂、不饱和聚酯树脂等，在热或固化剂等作用下发生化学反应——交联反应而固化变硬，变成不溶、不熔，无法进行再回收与利用，丧失了可重复加工性。热固性树脂在交联固化过程中从液态变为固态需要一定的时间，利用树脂固化之前为液态状这一特性，依靠手工模具、使用裱糊成型或浇注成型的方法可制作出形态复杂的模型。固化反应过程中有热量产生，成型后易出现热收缩现象，固化成型后的硬度比较高。手工模型制作中常使用环氧树脂、不饱和聚酯树脂作为模型材料。一般市场销售的是桶装，配有固化剂。使用树脂时要提前测算一下用量，当加入固化剂以后，剩余的树脂如果没有用完，一旦固化以后便不可以使用，所以树脂用后要将桶盖拧紧，但不宜长时间保存，尽量一次性使用完毕。

如图 2-13 所示为不饱和聚酯树脂和环氧树脂，适于制作展示模型与样机外壳。热塑性塑料适于制作交流展示模型和手板样机模型。

图 2-13　不饱和聚酯树脂和环氧树脂

2.2.5　矿业模型中使用的橡胶材料

市场上销售的橡胶种类较多，手工制作硅橡胶模具多以双组分室温硫化硅橡胶为原料。双组分室温硫化硅橡胶是兼具无机和有机性质的高分子弹性材料，呈液态无色透明黏稠状，掺入填料后变为不透明，如图 2-14 所示。

图 2-14　橡胶

双组分室温硫化硅橡胶加入固化剂后，在室温下经过一段时间自然凝固成型，硅橡胶与固化剂的配比要严格按照质量比进行配制并充分调和。液体硅橡胶凝固前具有良好的流动性，利用这一特性可用浇注成型的方法制作硅橡胶模型；硅橡胶凝固以后具有良好的弹性与柔韧性，可以任意弯曲，失去外力作用后能够恢复原状；耐高温、低温，性能良好，可承受很大的温差而不发生形变；耐酸碱性强，对于大多数的酸性或碱性物质有着极好的耐受能力；凝固后的硅橡胶表面还具有良好的不黏性和憎水性；硅橡胶精确复制原型的能力很强，原型表面上各种痕迹都可以清晰地反映出来，使用硅橡胶可以制成模具，能进行批量复制。双组分室温硫化硅橡胶应尽量一次性使用完毕，如需保存应注意密闭放置在阴凉干燥处。

硅橡胶液体比较黏稠，加入固化剂时要充分搅拌均匀，防止固化剂不能充分与硅橡胶融合而导致部分硅橡胶不发生固化反应。由于在搅拌过程中有空气混入，在搅拌均匀以后还要振捣容器，将溶液中的气体浮至液面。

2.2.6 矿业模型中使用的木材

木材是一种自然生长的有机体，种类繁多，分布广泛。木材的使用价值很高，已被广泛应用于人们的日常生产和生活中。

木材是一种非常经典、实用的造型材料。木材质轻，强度、硬度较高，柔韧性好，可塑性强，使用手工和机械操作的方法都可以对其进行深加工，具有良好的加工成型性。由于不同树种的木质、颜色、肌理各不相同，且树木在自然生长过程中逐渐形成了年轮，加工过程中沿不同方向切割木材会出现各种美观的色泽与自然纹理，充分反映出木材的自然之美。树木在自然环境中的生长周期比较长，成材率比较低，生长过程中由于内部纤维组织间应力不均，脱水后容易出现裂纹、收缩的现象，吸水受潮后容易出现膨胀扭曲等变形现象，又由于木材具有易燃性，故存在一定的安全隐患。

用于模型制作的木材种类比较多，主要有松木、椴木、水曲柳、楸木、柞木、红木类等。由于自然生长的原木材料取材率相对比较低，材料的损耗率较大，为了合理利用木材资源，人们充分利用现代科技及加工技术将原木材料进行深加工，由此制成多种类型的半成品材料，使自然原木的利用率大为提升，通过加工处理不但保留了原木的自然特征，也改变了自然原木的天然缺陷，既节约了原材料，也方便了使用。

手工方法制作木模型使用的材料基本上是半成品材料。市场上销售的半成品材料种类、规格比较齐全，如已加工成各种规格的实木线材、实木板材以及人工合成的细木工板、胶合板、纤维板、刨花板等人造板材，均可以用于木模型制作，如图 2-15 所示。

木材可用于制作展示模型、手板样机模型或功能实验模型。

图 2-15　木材类

2.2.7　矿业模型中使用的金属

金属材料是采用天然金属矿物原料，如铁矿石、铝土矿、黄铜矿等，经冶炼而成的。现代工业习惯把金属分为黑色金属和有色金属两大类，铁、铬、锰属于黑色金属，其余的所有金属都属于有色金属，如铜、铝、金等。我们非常熟悉的钢铁属于黑色金属，在人类的生产和生活中铁和钢的使用量要占到金属材料的 90％以上，在金属材料中适当加入一些微量元素，可以使金属材料形成特殊的性能。

常用的金属材料具有良好的硬度、刚度、强度、韧性、弹性等物理特性，金属材料的机械加工性能良好，经过物理加工或化学方法处理的金属表面能给人以强烈的加工技术美和自身的材质美感。

选用金属材料进行模型制作，虽然能够获得理想的质量，但制作难度相对比较大，成本也比较高，需要专用加工设备经过多道加工工序才能成型。

市场供应状态下的半成品金属材料有各种规格、形状的板材、管材、棒材、线材、金属丝网等，可以直接作为模型制作材料，如图 2-16 所示。

金属材料常用于功能实验模型、交流展示模型及手板样机模型的制作。

上述介绍了几种常用的材料，当然用于模型制作的材料还有很多，多尝试、多使用其他材料，并熟练掌握材料的特性及加工工艺，能充分发挥模型制作在设计中的作用。

产品设计是在不断变化、改进与调整的过程中逐渐完成的，这就要求被选用的材料既要体现设计内容，还要方便加工，以适应不断变化的设计要求。产品模型材料的选用应充分考虑材料的适用性与易成型性，根据产品设计的不同表现阶段及特殊表现要求采用合适的材料加以应用。早期的模型用于快速形象化概

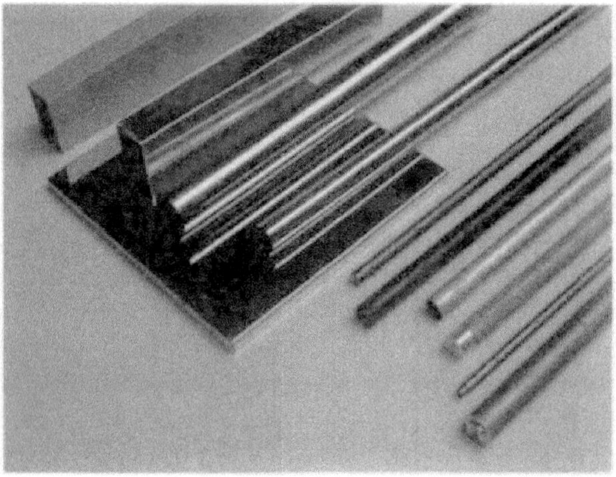

图 2-16　金属

念,尽量选用低密度、易加工的材料,后期的模型越来越接近实际产品,使用高密度材料的概率比较高。当然,根据模型所要表达的设计内容还要以灵活多样的方式综合、合理使用材料,最大限度发挥材料自身的作用。

2.3　矿业设备模型制作工具及防护

2.3.1　模型制作常用工具

1. 美工刀

美工刀,是用于切割零件的最热门工具之一,它有着各种各样的材质与形状,如图 2-17 所示。另外,它不光能用于切割,还可以用来打磨、制造划痕、雕刻凹线,有着各种各样的使用方式。

此外,美工刀的刀刃是外露的,使用频率又极高,非常容易使人受伤。其中最多的就是刀刃意外滑出槽而导致划伤,但只要别把手放在刀刃可以活动的位置就能防止这种事故的发生。此外,由于美工刀的刀刃缺乏韧性,假如受到了超出产品可承受的蛮力,很可能会破碎,因此在制作的时候,为了保护眼睛不被弹飞的刀刃所损伤,戴上护目镜会更加安全。

2. 剪刀

是不是有很多人觉得剪刀就是用来剪纸的,在模型制作中基本不会用到呢?但是,专为模型制作而销售的剪刀也不在少数,有很多例子说明它非常有用。比如说网格状的蚀刻片零件,假如用美工刀来雕刻的话,很容易产生歪斜,但是用

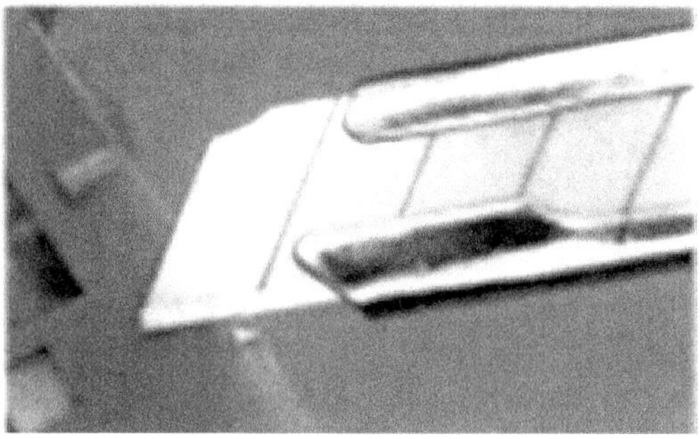

图 2-17　美工刀

专用剪刀就能非常轻松地进行剪切，有时甚至可以用来切割较薄的金属板，如图 2-18 所示。在本节中，我们就来介绍一下这些模型专用的剪刀。

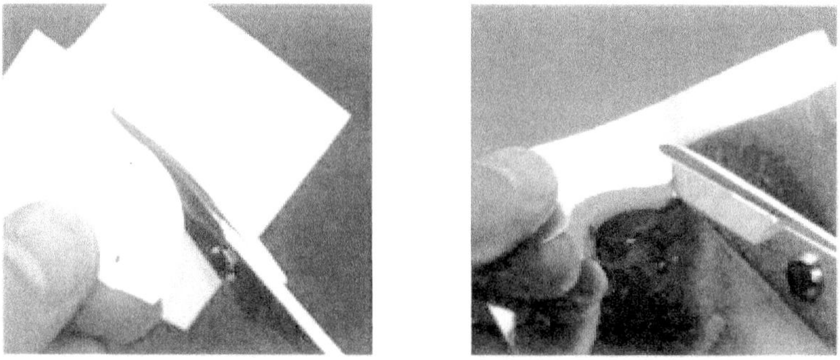

图 2-18　模型专用剪刀

或许有人认为剪刀是用来剪纸的，应该剪不断蚀刻片零件或者塑胶板件，但是，只要利用剪刀的杠杆原理，选择转轴前侧较短、后侧较长的产品，就能轻松剪断坚硬的物体。当然，刀头比较短的话，一次剪切的量也会更少，但却便于使用者微妙地控制刀头，使其更得心应手。

剪刀相比水口钳来说，特点是不同的产品在尺寸上有着极大的差异。大的剪刀适用于力度大与线条较长的剪切，而小的剪刀则更适合细腻的剪切。说实话，大剪刀给人一种用水口钳也能代替的印象，而小剪刀却有着不可多得的加工性能。

3. 锯子

对于切割塑胶零件来说，模型用的锯子是非常方便的，如图 2-19 所示。除切割外，有的产品甚至能利用在凹线雕刻上，不会产生切割偏移问题。此外还有可以安装在美工刀或笔刀身上的蚀刻锯。由此可见，可供我们选择的锯子种类非常多。另外，在刀刃的厚度、有无左右锯齿(锯齿依次交替向左右倾斜的状态，可以扩张沟槽，减少刀刃移动时产生的摩擦力)等方面也种类各异。

图 2-19 锯子

在应用到模型的工具中，锯子还是给人一种专为切割而生的印象。在模型制作的过程中，我们也常常会碰到“用美工刀和水口钳总是失败的步骤，换上锯子就轻松解决了”之类的情况。但是，模型用锯子有许多大小各异的产品，不同的产品不一定适用于同一项作业，每件产品的锯齿也有所差异。因此，我们在进行模型制作时，一定要根据模型的特点选择合适的锯子。

4. 磨削工具

锉刀上有锉齿，齿的粗细大小不一，粗齿的锉刀比较适合锉削软质材料，细齿的锉刀适合锉削硬质材料，什锦组锉可用于精细锉削材料的轮廓边缘，如图 2-20 所示。通过对模型材料进行锉削加工，可以获取所需的形状。

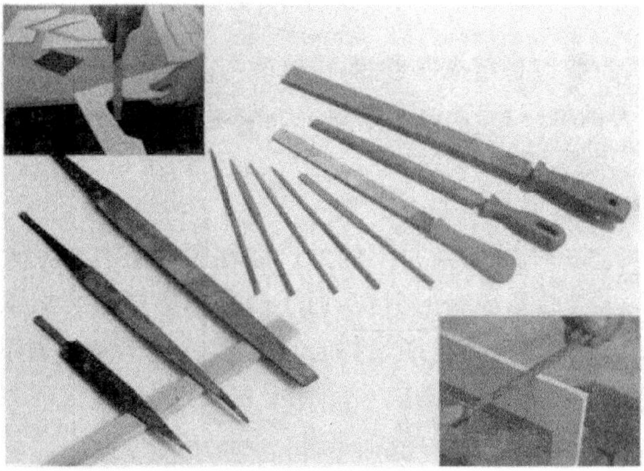

图 2-20 锉刀

手持电动打磨机使用灵活、方便，在打磨机上安装上不同目数的砂纸推动打磨机进行打磨，可以获取光滑、顺畅的表面，如图 2-21 所示。

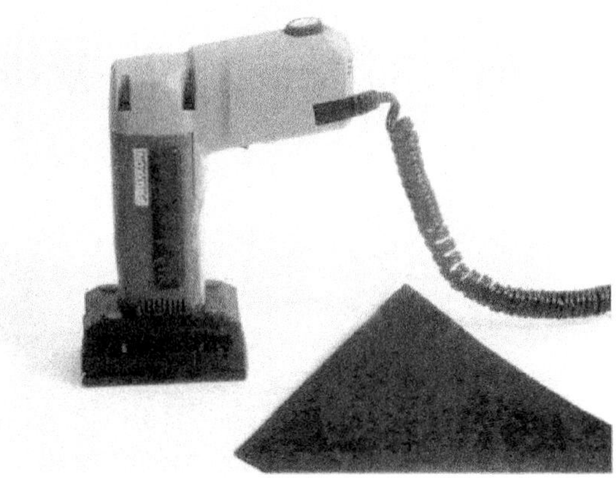

图 2-21　手持电动打磨机

打磨机可以对软质、硬质材料的表面进行打磨处理，大面积打磨时有效提高了工作效率。打磨时不要用力施压打磨机，防止损坏机器。

电动修磨机有多种形状的修磨头，开启机器后，刀头高速旋转，用于精细修饰材料的边缘形状，也可以在材料表面修饰不同形状的装饰槽等，如图 2-22 所示。

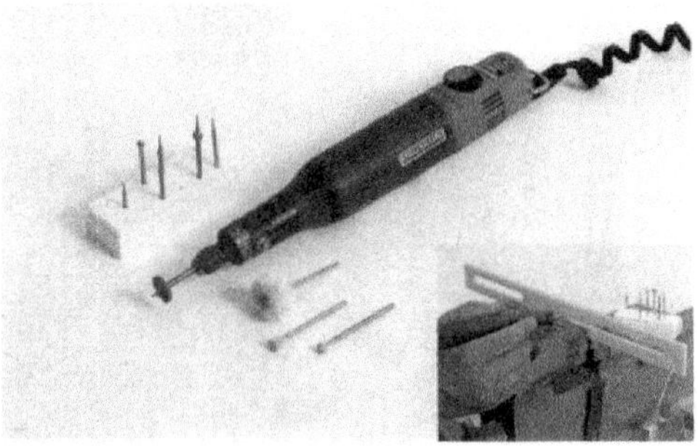

图 2-22　电动修磨机

台式电动砂带机可以进行水平和垂直方向的打磨，开启电源后，封闭的砂带环在主轴的带动下沿一个方向运动，适于打磨大平面，打磨时手持材料轻轻与砂带接触，然后再逐渐施加压力，砂盘进行旋转运动，适于打磨边角，如图 2-23 所示。

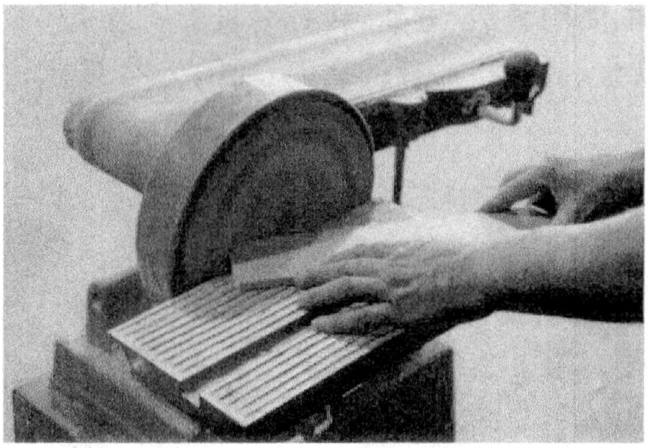

图 2-23　台式电动砂带机

5. 钻削工具

手持电钻可以方便地在材料上进行钻削加工，打出大小不同的孔径，如图 2-24 所示。

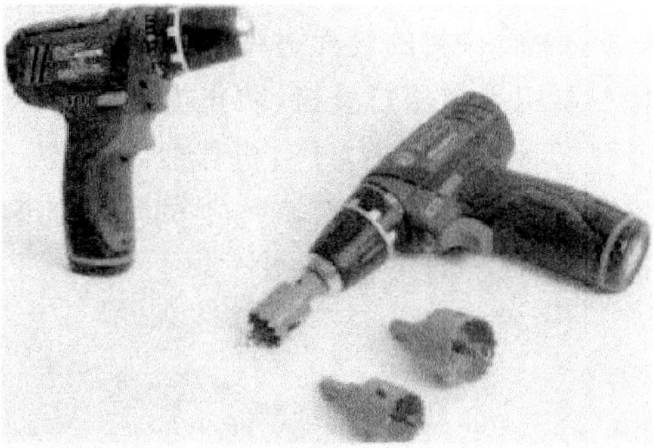

图 2-24　手持电钻

操作时不可使用很大的力量压持电钻进行打孔，这样很容易使钻头和材料卡死，造成电钻烧毁，甚至扭伤手腕。

钻铣床的主轴连接卡头，卡头上可以夹持钻头、铣刀，如图 2-25 所示。

加工前，用台钳将材料夹紧。开启设备时主轴高速旋转，搬动手柄可使主轴上下移动，进行打孔操作。当进行铣槽、铣面、铣边等加工时，先将旋转的铣刀下铣一定深度，但吃刀量一定要小，然后锁定主轴，慢慢转动拖板手柄，使拖板水平线性方向移动，走刀量要小，此时可以在材料上铣出凹槽等形状。

在钻铣床上可以对软质、硬质材料进行加工，也可以对金属材料进行加工。使用钻铣床设备必须有专业人员辅导才能进行操作。

图 2-25　钻铣床

车床的主轴上装有卡盘，加工时将材料夹持在卡盘上，在车床拖板上面有刀架，可以夹持不同形状的车刀，开启车床后卡盘高速旋转，转动刀架手柄车刀与材料接触进行切削加工，利用车床可将材料切削加工成回转体的形状，如图2-26所示。

图 2-26　车床

在车床上可以对软质、硬质材料进行加工，也可以对金属材料进行加工。使用车床设备必须有专业人员辅导才能进行操作。

2.3.2 模型制作辅助工具

1. 超声波刀

近年来，有一种工具在模型界普及得非常快，那就是超声波刀，如图 2-27 所示。声波是可以在空气与水等介质中传播的振动波，我们的耳朵可以分辨频率比较低的声波。假如频率太高的话，就成了人耳不能分辨的超声波了。

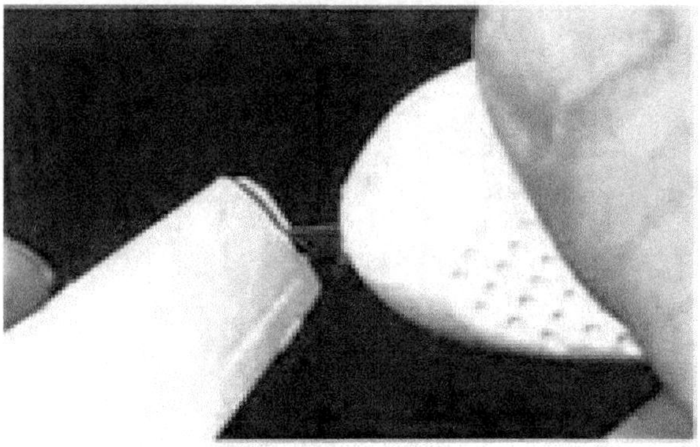

图 2-27　超声波刀

超声波刀，顾名思义，就是利用超声波的一种器械。当然并不是将超声波直接作用于零件，仅仅是将其传导到顶端安装的刀片上而已。通过在刀片上引起高频率的振动，可以将锋利度极大地提升。虽然振动，其实人完全感觉不到，除了打开开关这一触动外，感觉没有任何变化。但是当刀刃触碰到零件时，就会非常顺滑地实现切割效果，有一种不可思议的切割手感。不论是切割树脂零件还是对塑胶材料进行雕刻，一切都无比顺畅。

2. 镊子

镊子在夹持小零件的时候非常方便，如图 2-28 所示。它的特点就是每一件看上去都很相似，但是不同产品的价格差别非常大，而且会很大程度影响到使用感受，仔细比较一下它们，就能够注意到产品的精度简直天差地别。比如说涂装中沾染的灰尘，用高精度的镊子一定更容易去除。

好的镊子，一般就是指精度更高的产品。精度较低的产品，顶端的形状显得参差不齐，前后左右都可能有位置偏移。而高精度的产品有着棱角分明的边缘，顶端也完全没有位置偏移。在夹持大零件时或许没多大差别，但在处理细致的零件时，精度的差异就会大大影响实际效果。廉价镊子无论如何都无法夹起一根放在桌上的极细铜线，用精度高的镊子几乎能百发百中地夹住。这就是精度

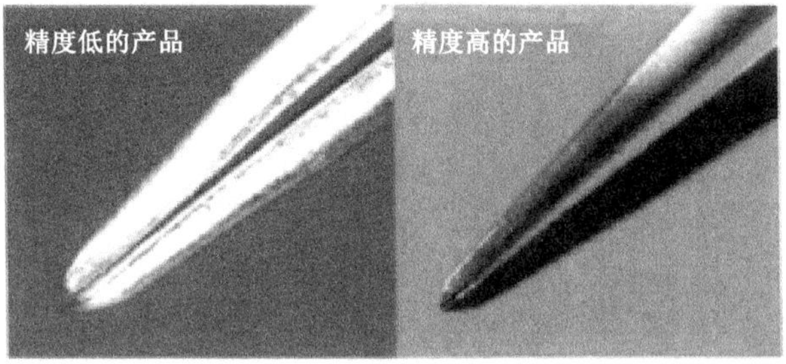

图 2-28　不同精度的镊子

导致的差异。

3. 夹钳

夹钳虽然与镊子很相似，但是夹持力量有巨大差异。镊子与夹钳在夹住某些东西并维持状态这一点上，有着相似的性质，不过，相对于镊子是用手指来控制，夹钳是用整个手来握持的产品，使用方法本身就不同。同时，应用方式也有很大不同，镊子多用于夹持和移动物体，夹钳更倾向于加工的应用，况且，镊子是用点来夹持，而夹钳更倾向于用面来夹持，它能施加均匀的力道，在对金属板等进行加工时，可以确保没有歪曲的弯折，也是模型制作中的主要使用方式。如图 2-29 所示。

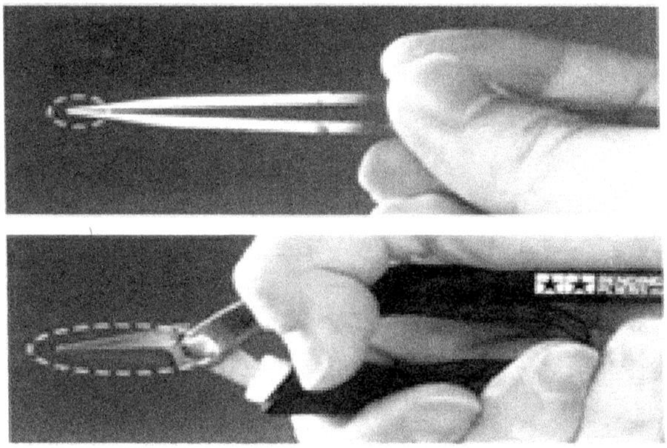

图 2-29　镊子与夹钳

夹钳与尖嘴钳的区别不大。对于尖嘴钳来说，我们平常见到的都是顶端有着一个平坦又防滑的夹持面，内侧有圆形凹陷，类似于水口钳一样的切割面，尖嘴钳有着万能工具的感觉。而夹钳是顶端细长的针头钳。虽然两者在概念方面存在些许差异,但其实不论尖嘴钳还是夹钳,在英语中都是用 pliers 来概括的,二者的界限也是非常模糊的。

实际上,仅限于模型专用工具的话,有的外观形状相同,所以既可以叫作尖嘴钳也可以叫作夹钳。对于具体的分类及区别,我们可以参照 JIS 规格来进行划分。我们只需要在使用的时候,能够根据模型的特点及要求,选择出适合的工具即可。

4. 雕刻刀

说到模型制作所需要的刀具,一般大家都会先想到水口钳、美工刀,假如只是组装而已,有这两大种工具几乎可以应对所有情况,但是,在需要补充雕刻沟槽、强调落差效果的时候,雕刻刀更加有效。过去总是将"家庭中心"或者画材店中所用的工具拿来使用,但现在已经有大量模型专用的工具在市面上销售,所以更容易购置到满足使用目的的产品了。雕刻刀种类繁多,根据产品不同、使用的方式与习惯不同、喜好不同,雕刻刀有着很大的区别,但这也是雕刻刀的魅力所在,如图 2-30 所示。

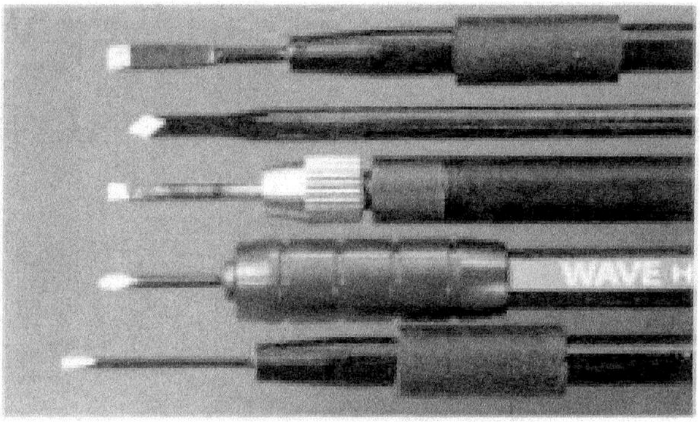

图 2-30　雕刻刀

在塑胶材料上使用雕刻刀,主要是在切割凸起物或者调整凹陷处形状时起作用。反过来说,用在木材上时,效果就不太理想,用雕刻刀很难维持均匀的凹槽雕刻。这是由于塑胶材料有着适中的硬度和柔韧性。即便如此,仅凭说明还是很难形容各种各样的雕刻手感,于是,我们将雕刻刀分门别类在塑胶板上雕刻凹槽,并制作了样品,来说明雕刻时的手感与合适与否的问题。

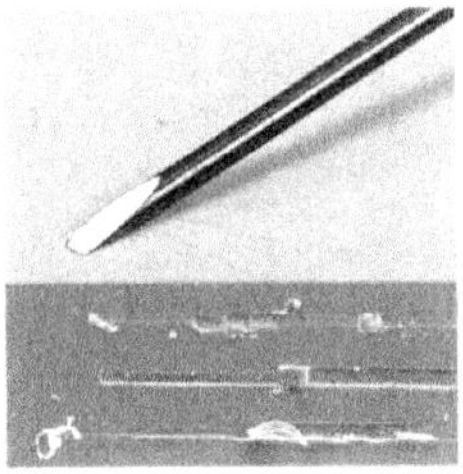

▲ 较薄的平刀，刀刃很容易插入塑胶材料中，想要雕刻较长的凹槽只需要按压下去，就能感受到刀刃深入的手感。反过来，对T字形位置进行渗入雕刻就比较轻松了。

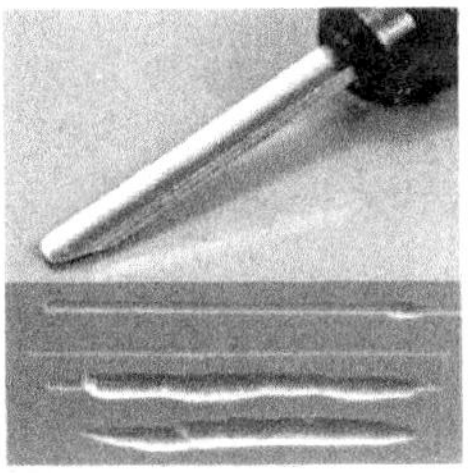

▲ U字形截面的雕刻刀，可以沿着直尺不费劲地进行按压雕刻，制作出略带圆润的沟槽。不过，在渗入雕刻时，很难保持沟槽宽度的统一。

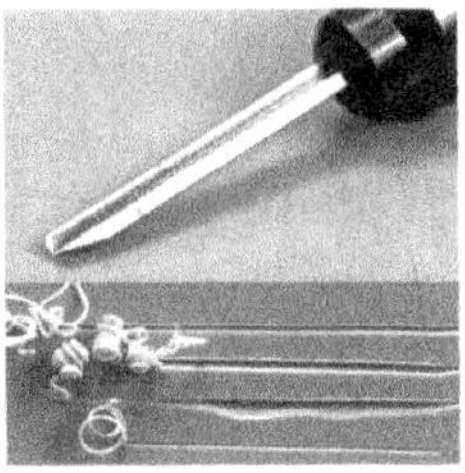

▲ V字形截面的雕刻刀，刀刃切入材料的手感很轻盈，想要雕刻出相同形状的沟槽非常简单。但是用力雕刻较深沟槽的时候，就很难维持均匀的宽度。

▲ 在平刀中，还有钝角造型的工具。虽然用力按压雕刻时，刀刃一样可以深入材料，但由于非常牢固，还可以实现向后拉的雕刻，能够精准地雕刻出沟槽。

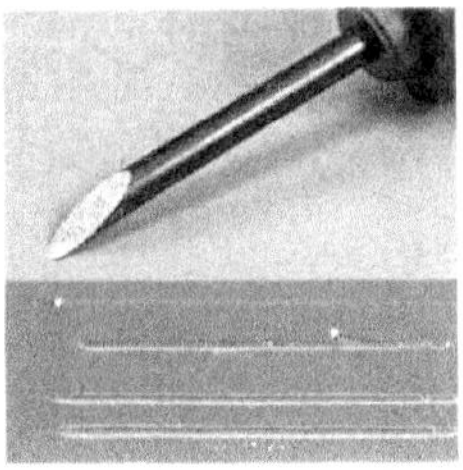

▲ 类似于将圆柱从斜方向切削出的雕刻刀，比U字形截面的刀更容易深入材料。虽然有刀尖折断的风险，但是后拉雕刻可以实现更顺畅的圆润沟槽。

▲ 菱形截面的雕刻刀，按压下去有刀刃被卡住的手感，很难顺利雕刻出沟槽。相反地，向反方向拉动，可以准确地雕刻出棱角分明的沟槽。

工具使用一段时间就会变钝，钝掉的工具不仅不能顺利地完成切割雕刻，还有可能造成意想不到的损伤，因此需要我们时常来研磨雕刻刀、凿子和笔刀等工具。研磨刀具也并不仅仅是恢复锋利度，也意味着维护工具，还可以通过自行改造工具来提升制作者本身的水准。如图2-31所示。

要研磨雕刻刀，没必要准备磨菜刀那么大的砥石，有一块简单的人造砥石就足够了。用水充分湿润后，集中精力，大幅度而缓慢地让刀刃滑动。假如研磨得

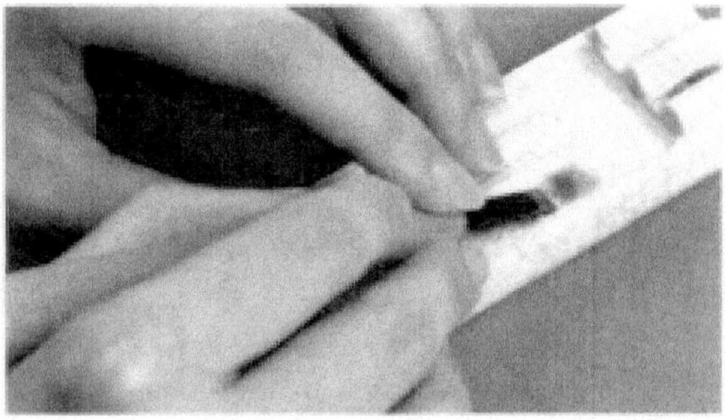

图 2-31　研磨雕刻刀

不仔细，有时刀刃会变形，还会反过来导致锋利度下降，一定要小心。

5. 凹线雕刻所用工具

凹线雕刻一般除了用在维修舱盖上之外，还用于飞机模型的外板接缝、汽车模型的车门部分制作等，诸如此类的雕刻就是指沟槽的雕刻，如图 2-32 所示。对于比例较大的汽车模型，适合雕刻更粗更深的凹线，而相反的，1∶72或 1∶48 等小比例飞机模型，就需要更加细腻的凹线雕刻。凹线雕刻的工具主要有 P 型刀、蚀刻锯、雕刻用凿子等，还有很多经过改良设计的工具。在本节中，我们将对各种型号工具的外观和使用手感等进行介绍。

图 2-32　凹线雕刻

雕刻刀一般来说是按压雕刻的工具，而凹线雕刻用的工具基本上都是以画刻为主，并且在雕刻时，不能一次性过于用力地雕刻，而是要轻轻地雕刻多次。轻轻雕刻可以避免偏斜，形成一条直线，最初的痕迹虽然很浅，但只要沟槽的线条准确，在反复画刻的过程中自然会变成均匀的线条。

此外，在沿着套件的凹线加深沟槽的情况下，基本上徒手雕刻就不会存在问题。不过，在将凸起纹路改为凹线的时候，就必须要有模板。因此需要我们十分慎重，以尽可能地避免由于出错导致的线条不直或者歪曲。

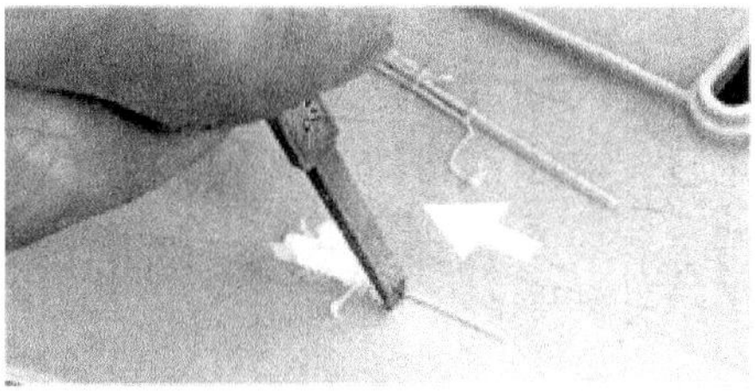

▲ 为了避免出现刀刃可能会滑走的感觉，在使用过程中应应用模板来保证线条的平直。平刀的使用方法是向后拉。

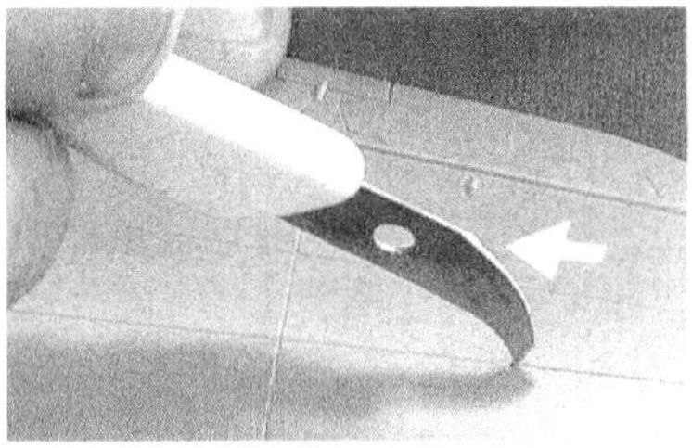

▲ 为了适应凹线雕刻的要求，刀片很薄，并且 P 型刀在构造上也独具魅力。P 型刀的使用方法是向后拉。

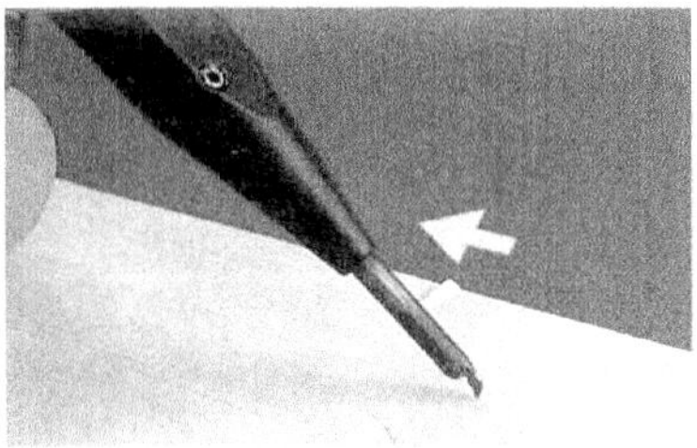

▲ 刀片是平面型，侧面呈现出 P 型刀形状的雕刻刀具。在使用时，兼具平刀与 P 型刀二者的优点。

崭新的雕刻工具，可能残留有在制造阶段所产生的微小金属变形，这些变形非常微小，肉眼不可见，所以当你重新购买曾经使用的工具时，就会感到手感有些不同。这种倾向在凹线雕刻用工具上尤其显著。这时只需要进行一定的“磨练”，就能让雕刻工具角度更稳定、使用更方便，如图 2-33 所示。可以在比较厚的塑胶板或者废零件上，用清理刀头的方式进行雕刻。渐渐地，新品的卡壳感就会消失，雕刻手感变得更顺畅。

6. 刻线针

假如说美工刀等刀具是用来切割线与面的工具，那么本部分所介绍的刻线针，就是用来雕刻点与线的工具，如图 2-34 所示。刻线针不仅仅可以刻出点来，还可用于线条、凹线雕刻等，并且还能利用顶端非常尖锐的特点，来实现取用黏合剂等特殊用法。假如能掌握它变化多端的使用方法，一定能对你的模型制作起到很大帮助。虽然我们在日常的模型刻画时，首选水口钳、笔刀等主要工具，但也可以根据需要购置一把刻线针，以使模型更加精美。

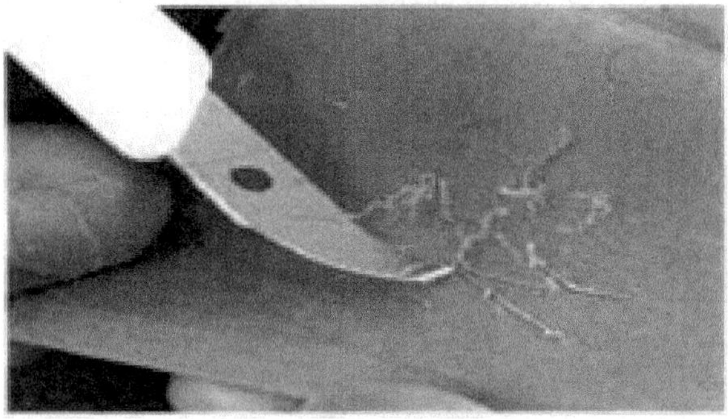

图 2-33 “磨练”刀具

图 2-34 刻线针

况且，顶端尖锐的刻线针在形状上也有不少种类，刻出的线条粗细也有所不同，只要我们掌握其中几种的用法，就可以轻松应对各种各样的雕刻要求。并且在凹线雕刻方面，刻线针还能配合之后介绍的模板类工具，完成椭圆形等纹路的雕刻。

刻线针主要的功能就是凹线雕刻与表现铆钉纹样的“纹路雕刻”功能。此外，还可以利用它能雕刻出点的功能，为手钻钻孔时刻出引导钻头的小孔，也能为 P 型刀雕刻凹线画出标记，并且还能利用其顶端为金属材质的特点开发出特殊用途。

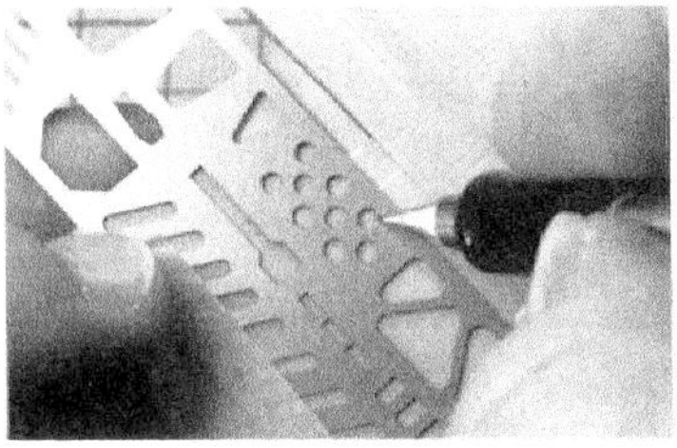

▲ 想要徒手雕刻出漂亮的线条是极其困难的一件事。准备所需形状的金属制模板，仔细刻出标记之后，再用刻线针雕刻，注意不要用力过度。

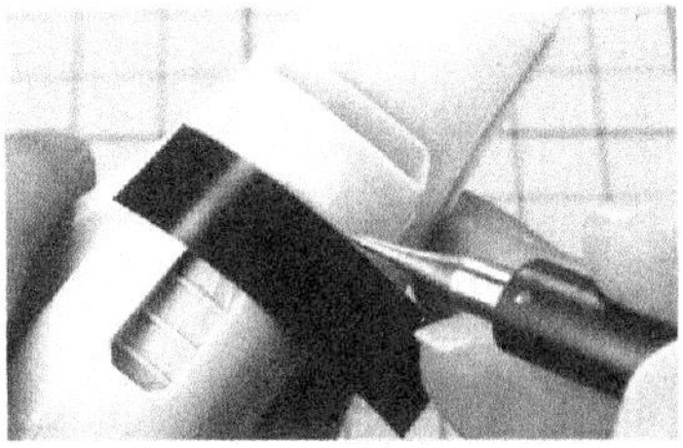

▲ 一般来说都是在避免施力过度的情况下，使用刻线针雕刻出较浅的线条，这也是为了防止用 P 型刀进行更深雕刻时出现“出轨”而事先做好的标记。

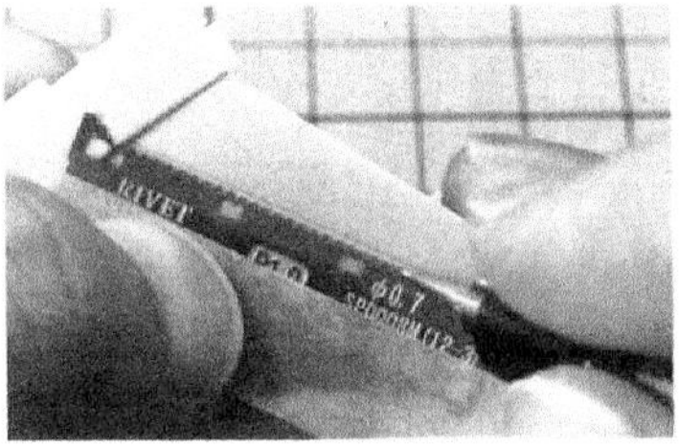

▲ 模板中也有专为等间距雕刻铆钉而设置标尺的工具。使用这种工具，在面板线条旁边刻出铆钉来，也是普遍的用法之一。

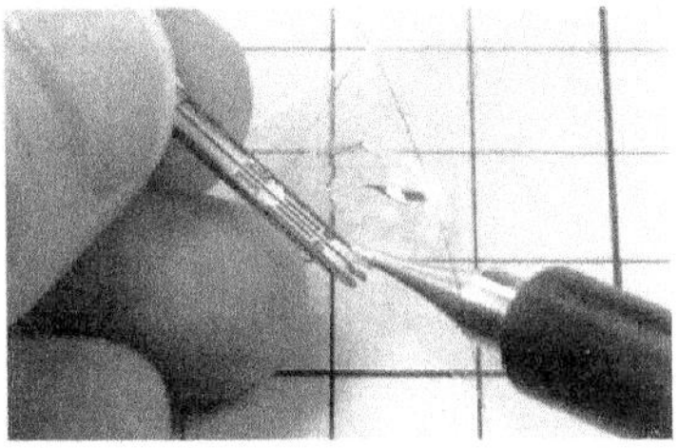

▲ 特殊用途之一就是利用顶端锐利的特点来取用黏合剂。虽然控制方便，也很容易点涂在所需的位置上，但不要忘了在使用之后将黏合剂剥除。

2.3.3　操作环境与安全防护

1. 操作环境

安全的操作环境既能提高工作效率，又能有效防止事故发生。进入操作环境要严格按照相关规定执行，防止出现安全隐患，而擅自违背规定可能造成永久性伤害甚至危及生命安全。操作前应制订制作计划，尽可能使用无伤害的材料和更安全的工具完成制作过程。

进入操作环境的基本要求如下：

① 操作前要认真学习工具、设备的操作规程及安全防护知识。

② 操作中务必严格按照各项安全规定使用和操作工具、设备。

③ 操作后按照安全管理规定及时整理、清理工作环境，形成良好的工作习惯。

④ 机电设备及危险品必须在专业人员指导下方可进行操作与使用。

模型制作过程中存在着许多直接或间接的安全隐患问题,工具和机器设备可能带来机械危险,材料使用不当同样会造成伤害,尤其化学物品使用应更加慎重,环境的脏、乱与无序同样也会造成潜在的隐患等。人身安全最重要,必须具备安全防护意识,才能最大限度地避免发生各种安全事故。

操作环境应有明确的工作区域分区,例如,手工操作区、机械加工区、危险品放置区、表面涂饰加工区、垃圾中转区等。无论在哪个区域进行操作,都务必按照相关安全与使用要求进行。如图 2-35 所示为宽敞、明亮、通风的手工操作区。

图 2-35　手工操作区

2. 安全防护

安全防护包括设备防护与个人防护。使用设备要严格按照使用与操作要求进行,例如,使用电力机械设备时,一定要按照设备防护要求使用设备自带的安全防护罩、防尘罩;使用喷漆柜、喷漆房或通风橱时一定要开启通风系统等,避免因操作带来的危险。安全防护装置一旦损坏,务必请专业人员维修后方可进行操作。个人防护也要做好充分准备,加工操作时一些个人防护器具要配备并使用。

(1) 工作服

在服饰要求方面,机械车间操作时不能穿戴宽松的服装和佩戴垂吊很长的首饰等物品,避免被高速运转的机械工具与设备所缠绕而造成严重伤害,进入操作环境要佩戴工作帽,长头发务必向后扎起并用工作帽遮盖起来,鞋子应该完全盖住和保护双脚,以避免掉落的物体或化学物质带来的危险,如图 2-36 所示。

图 2-36　工作服

(2) 防尘口罩

工作环境首先要保证充足的通风条件，机械设备也要配备灰尘收集装置。由于在加工、打磨聚苯乙烯泡沫、聚氨酯泡沫、塑料、木料等材料时会产生粉尘，佩戴防尘口罩能尽量避免粉尘的直接吸入，如图 2-37 所示。

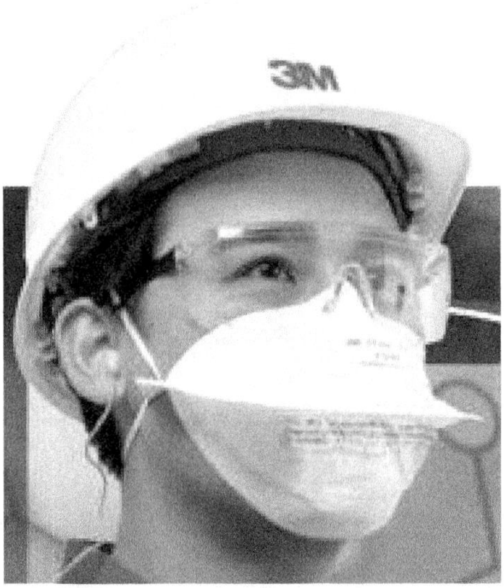

图 2-37　防尘口罩

（3）防毒面具

由于黏合剂、漆料、填充剂、化学试剂或铸模材料中的化学物质具有挥发性，有害性物质可通过皮肤或呼吸道进入体内造成伤害，患哮喘或过敏疾病的人应更加慎重，发现过敏反应要立即诊治。使用此类物品时要在喷漆柜、喷漆房或通风橱等具备通风条件的地方进行操作使用，佩戴防毒面具和穿防护服装能最大限度阻止伤害，如图 2-38 所示。

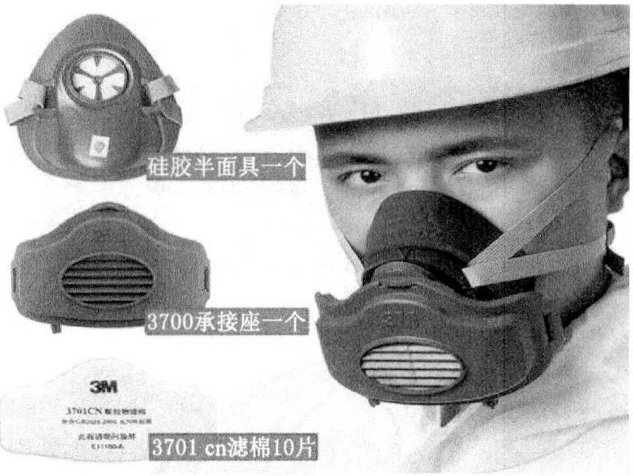

图 2-38　防毒面具

（4）防护眼镜

加工操作或使用挥发性物品一定要佩戴防护眼镜，在材料加工时会出现溅射的材料颗粒和飞扬的粉尘，防护眼镜是常规必备的防护工具，如图 2-39 所示。

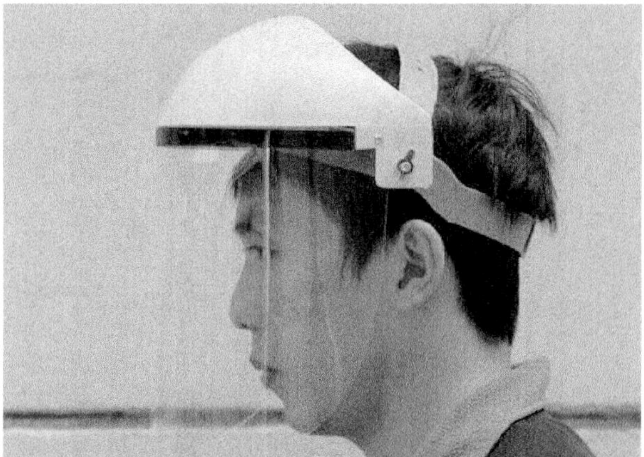

图 2-39　防护眼镜

（5）降噪耳罩

长时间处于噪声很大的环境中会对听力造成损伤，在嘈杂的环境中应配备耳罩，如图 2-40 所示。

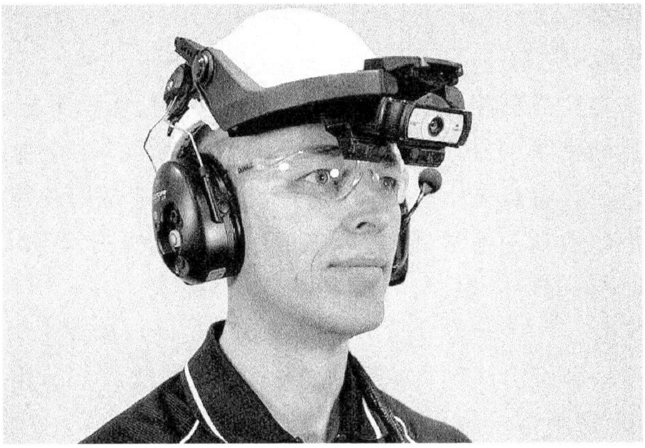

图 2-40　降噪耳罩

安全最重要，任何操作都应该首先进行危险评估，及早发现存在的隐患，整个制作过程中要时刻按照所有安全规定及操作规程执行。操作中如果发生诸如机械伤害、灼伤、头晕、恶心等身体不适情况，要及时寻求帮助和医疗救助。

经过前面章节的介绍，对产品模型有了基本的概念，在后面的章节中将介绍模型制作的方法与步骤，以便更好地理解模型制作的意义和作用。

2.4　矿山设备模型的制备

在矿山设备模型的制作过程中，为了真实直观地将设计构思以三维形体的实物展现出来，只有充分了解各种模型材料的基本特性、加工工艺和各种工具与设备，才能给制作加工带来方便，从而制作出满足设计要求的模型实体，否则无法达到预期的目的。

2.4.1　矿山设备模型的制作方法与步骤

1. 矿山设备模型的制作方法

矿山设备模型是由多种相同或不同材料采用加法、减法或综合成型法加工制作而成的实体。模型制作的方法可归纳为加法成型、减法成型和混合成型。

（1）加法成型

加法成型是通过增加材料、扩充造型体量来进行立体造型的一种手法，其特点是由内向外逐步添加造型体量。将造型形体先制成分散的几何体，通过堆砌、比较确定相互位置，达到合适体量关系后采用拼合方式组成新的造型实体。加法成型通常采用木材、黏土、油泥、石膏、硬质泡沫塑料来制作，多用于制作外形较复杂的产品模型。

(2) 减法成型

减法成型与加法成型相反，减法成型是采用切割、切削等方式，在基本几何形体上进行体量的剔除，去掉与造型设计意图不相吻合的多余体积，以获得构思所需的正确形体。其特点是由外向里，这种成型法通常是用较易成型的黏土、油泥、石膏、硬质泡沫塑料等为基础材料，多以手工方式切割、雕塑、镗、刨、刮削成型，适用于制作简单的产品模型。

(3) 混合成型

混合成型是一种综合成型方法，是加法成型和减法成型的相互结合和补充，一般宜采用木材、塑料型材、金属合金材料为主要材料制作，多用于制作结构复杂的产品模型。

2. 矿山设备模型的制作步骤

(1) 设定方案从较多构思方案中优选出一至两个方案，用简易材料先做出草模进行初模分析，确定各单元件的相关图面。

(2) 选择合适的材料，充分了解掌握使用材料的特性、材料的加工方法、涂装性能及效果，准备适当的工具和加工设备。

(3) 拟订完善的制作流程，了解掌握模型的结构、性能特点，明确模型制作的重点。制作较大型模型时，应先制作辅助骨架后再进行加工，在评判、分析的基础上进一步加工制作研究模型、结构功能模型、展示模型或样机模型，经计议审核后定型。

(4) 对模型进行色彩涂饰，以及文字、商标、识别符号的制作和完善。

(5) 整理技术资料建立技术资料档案，供审批定型。

2.4.2 矿山设备模型制作新技术——快速成型技术

快速成型，又称快速制样或实体自由形式制造，是一种用材料逐层堆积出制件的制造方法，是集 CAD、数控技术、精密机械、激光技术和材料科学与工程等最新技术而发展起来的产品设计开发技术。

1. 快速成型原理

快速成型是一种离散、堆积成型的加工技术，其目标是将计算机三维 CAD 模型快速地转变为具体物质构成的三维实体模型。快速成型的基本过程是将计算机辅助设计的产品的立体数据(3DModel)，经电脑分层离散处理后，把原来的三维数据变成二维平面数据，按特定的成型方法，通过逐点逐面将成型材料一层层加工并堆积成型。

2. 快速成型特点

快速成型技术是将一个实体的、复杂的三维加工离散成一系列层片的加工，大大降低了加工难度，开辟了不用任何刀具而迅速制作各类零件的途径，并为用常规方法不能或难以制造的模型或零件提供了一种新型的制造手段。其特点如下：① 改变了传统模型的制造方式，用 CAD 模型直接驱动实现设计与制造高度一体化，充分体现了设计评价制造的一体化思想，其直观性和易改性为产品的完美设计提供了优良的设计环境；② 可以制造任意复杂形状的三维实体模型，充分体现设计细节，尺寸和形状精度大为提高，零件不需要进一步加工；③ 成型过程不需要工装模具的投入，既节省了费用又缩短了制作周期；④ 成型全过程的快速性适合现代激烈的产品市场。

快速成型内容的详细介绍见本书的第 3 章。

2.4.3　矿山设备模型制作特殊技法工艺

在矿山设备模型制作中有很多构件属异型构件，如球面、弧面等。这些构件的制作，靠平面的组合是不能完成的，因此，只能靠一些简易的、特殊的制作方法来完成。这种特殊的制作方法概括起来有如下三种。

1. 替代制作法

(1) 替代制作法是矿山设备模型制作中完成异形构件制作最简捷的方法。所谓替代制作法，就是利用已成型的物件经过改造完成另一种构件制作的方法。这里所说的“已成型的物件”，主要是指我们身边存在的、具有各种形态的物品，乃至我们认为的废弃物。因为这些有形的物品是通过模具进行加工生产的，并且具有很规范的造型，所以这些物品只要形和体量与所要加工制作的构件相近，即可拿来进行加工整理，完成所需要构件的加工制作。

(2) 半球实例：在制作某一模型时，需要制作一个直径为 40 mm 左右的半圆球面体构件，很显然这个构件靠平面组合的方法制作是无法完成的，因此，必须寻找是否有这种类型的物件。其寻找的思路是，先不要考虑我们所要完成物件的形态，而要把这个构件概括为球体，这时不难发现乒乓球的直径、形状和要加工制作的构件相似，于是我们便可以按构件的要求，用剪刀将乒乓球剪成所需要的半球面体。

(3) 举一反三：以上所举的例子只是一个简单构件的处理方法，在制作比较复杂造型的异形构件时，如果不能直接寻找到替代品，可以将构件分解到最简单、最基本的形态去寻找替代品，然后再通过组合的方式去完成复杂构件的加工制作。

2. 模具制作法

用模具浇注各种形态的构件是制作异型构件的方法之一。

(1) 模具的制作:在利用这种方法进行构件制作时,首先要进行模具的制作。模具的制作有多种方法,这里将介绍一种简单易行的制作方法。这种方法是先用纸黏土或油泥堆塑一个构件原型,堆塑时,要注意表层的光洁度与形体的准确性。待原型堆塑完成并干燥后,在其外层刷上隔离剂后即可用石膏来浇注阴模,在阴模浇注成型后要小心地将模具内的构件原型清除掉。最后,用板刷和水清除模具内的残留物并放置通风处进行干燥。

(2) 构件的浇注:在模具制作完成后便可以进行构件的浇注。一般常用的浇注材料有石膏、石蜡、玻璃钢等。其中,容易掌握且最常用的是石膏,其制作方法是先将石膏粉放入容器中加水进行搅拌,加水时要特别注意两者的比例,若水分过多时,则影响膏体的凝固;反之,若水分过少时,则会出现未浇注膏体就凝固的现象。一般情况下,水应略多于石膏粉,当把水与石膏搅拌成均匀的乳状膏体时便可以进行浇注。

(3) 脱模及打磨:浇注前,应先在模具内刷上隔离剂。浇注时,把液体均匀地倒入模具内,同时应轻轻振动模具,排除浇注时产生的气泡。在浇注后,不要急于脱模,因为此时水分还未排除,强度非常低,若脱模过早则会产生碎裂,所以在浇注后要等膏体固化再进行脱模,脱模后便可以得到所需要制作的构件。若翻制的异形构件体、面感觉较粗糙时,还可以在石膏完全干燥后进行打磨修整。

3. 热加工制作法

热加工制作法是利用材料的物理特性,通过加热、定型产生物体形态的加工制作方法。这种制作方法适用于有机玻璃板和塑料类材料并具有特定要求构件的加工制作。以半球面体构件为例,如果制作要求限定为透明半球面体时,利用替代制作法和模具制作法很难完成此构件的加工制作,因此,只能用薄透明有机玻璃板通过热加工来完成此构件的加工制作。

(1) 模具的制作:在利用热加工制作法进行构件制作时,与模具制作法一样,首先要进行模具的制作。但是热加工制作法的模具制作没有一定模式,这是因为有的构件需要阴模来进行加工制作,而有的构件则需要阳模进行压制。所以,热加工制作法的模具应根据不同构件的造型特点和工艺要求进行加工制作。另外,作为加工模具的材料也应根据模具在压制构件过程中挤压受力的情况来选择。总之,无论采用何种形式与材料进行模具加工制作,在模具完成后便可以进行热加工制作。

(2) 热加工制作:在进行热加工制作时,首先要对模具进行清理,要把各种细小的异物清理干净,防止压制成型后影响构件表面的光洁度。同时,还要对被加工的材料进行擦拭。擦拭后便可以进行板材的加热。在加热过程中，要特别注意板材受热要均匀，加热温度要适中，当板材加热到最佳状态时，要迅速地将板材放入模具内并进行挤压及冷却定型。待充分冷却定型后，便可进行脱模。脱模后，稍加修整，便可以完成构件的加工制作。

2.4.4 矿山设备模型制作基本技巧

矿山设备模型的制作是一个利用工具改变材料形态，通过黏结、组合产生出新的物质形态的过程。这一过程包含着很多基本技法，作为广大模型制作人员只要掌握了这些最简单、最基本的要领与方法，即使制作造型复杂的矿山设备模型，也只不过是那些最简单、最基本的操作过程的累加而已。

1. 聚苯乙烯模型制作基本技巧

用聚苯乙烯材料制作矿山设备模型是一种简便易行的制作方法，主要用于建筑构成模型、工作模型和方案模型的制作。

(1) 准备工作

在制作此类模型时，模型制作人员首先要根据材料的特性做好加工制作的准备工作，准备工作可分为两部分，即准备材料和准备制作工具。

① 准备材料。在进行材料准备时，要根据被制作物的体量及加工制作中的损耗，准备一定量的材料毛坯。

② 工具准备。在进行制作工具准备时，主要是选择一些画线和切割工具。

在准备工作完毕后，我们要对自己所使用的电热切割器进行检查与调试。首先，用直角尺测量电热丝是否与切割器工作台垂直，然后通电并根据所要切割的体块大小用电压来调整电热丝的温度(电压越高温度越高)。一般电热丝的温度调整到使切割缝隙越小越好，因为这样才能控制被切割物体平面的光洁度与精度。

(2) 基本制作步骤

基本制作步骤分为画线、切割、黏结和组装。

① 画线。一般采用刻写钢板的铁笔作为画线工具。

② 切割。切割工具采用自制的电热切割器及推拉刀。在进行体块切割时，为了保证切割面平整，除了要调整电压、控制电热丝温度外，被切割物在切割时要保持匀速推进，中途不要停顿，否则将影响表面的严整。在切割方形体块时，一般是先将材料毛坯切割出90°直角的两个标准平面，然后利用这两个标准平面通过横纵位移进行各种方形体块的切割。为了保证体块尺寸的准确度，画线与切割时一定要把电热丝的热熔量计算在内。在切割异形体块时，要特别注意两手间的相互配合。一般一只手用于定位，另一只手推进切割物体运行，这样才能保证被切割物切面光洁、线条流畅。在切割较小体块时，可以利用推拉刀或刻

刀来完成。用刀类切割小体块时，一定要注意刀片要与切割工作台面保持垂直，刀刃与被切割物平面成45°角，这样切割才能保证被切割面的平整、光洁。

③ 黏结和组装。在所有体块切割完毕后，我们便可以进行黏结和组装。在黏结时常用乳胶做黏结剂，但由于乳胶干燥较慢，所以在黏结过程中还需用大头针辅以定型。待通风干燥后进行适当修整，便可完成其制作工作。

此外，在利用此种材料制作矿山设备模型时，除了用电热切割的方法进行造型外，还可以利用该材料溶于稀料的特性，采用喷刷手段制作多种造型。总之，待熟练掌握制作基本技法和材料的特性时，将会给聚苯乙烯材料制作矿山设备模型带来巨大的表现力和超乎想象的视觉效果。

2. 纸板模型制作基本技巧

利用纸板制作矿山设备模型是最简便且较为理想的方法之一。纸板模型分为薄纸板模型和厚纸板模型两大类，下面分别阐述这两种纸板模型制作的基本技法。

(1) 薄纸板模型制作基本技巧

用薄纸板制作矿山设备模型是一种较为简便快捷的制作方法，主要用于工作模型和方案模型的制作。基本技法可分为画线、剪裁、折叠和黏结等步骤。

① 画线。在制作薄纸板矿山设备模型时，制作人员首先要根据模型类别和设备主体的体量合理地进行选材。一般此类模型所用的纸板厚度在0.5 mm以下。在制作材料选定后便可以进行画线。薄纸板模型画线是较为复杂的。画线时，一方面要对物体的平立面图进行严密的剖析，合理地按物体构成原理分解成若干个面；另一方面，为了简化黏结过程，还要将分解后的若干个面按折叠关系进行组合，并描绘在制作板材上。

在制作薄纸板单体工作模型时，可以将设备设计的平立面直接裱于制作板材上。具体做法是：先将薄纸板空裱于图板上，然后将绘有设备物的平立面图喷湿，待数秒钟后，均匀地刷上经过稀释的糨糊或胶水并将图纸平裱于薄纸板上，待充分干燥后便可进行剪裁。

② 剪裁。可以直接按事先画好的切割线进行剪裁。在剪裁接口处时，要留有一定的黏结量。在剪裁裱有设计图纸的工作模型墙面时，设备物立面一般不做开窗处理。

③ 折叠和黏结。剪裁后，便可以按照构成关系，通过折叠进行黏结组合。折叠时，面与面的折角处要用手术刀将折线划裂，以便在折叠时保持折线的挺直。在黏结时，模型制作人员要根据具体情况选择和使用黏结剂。在做接缝、接口黏结时应选用乳胶或胶水做黏结剂，使用时要注意黏结剂的用量，若胶液使用过多将会影响接口和接缝的整洁。在进行大面积平面黏结时应选用喷胶做黏结

剂。喷胶属非水质胶液，它不会在黏结过程中引起黏结面的变形。

在用薄纸板制作模型时，还可以根据纸的特性，利用不同的手段来丰富纸模型的表现效果。如利用“折皱”便可以使载体形成许多不规则的凹凸面，从而产生各种肌理；通过色彩的喷涂也可使形体的表层产生不同的质感。总之，通过对纸板特性的合理运用和对制作基本技巧的掌握，可以使薄纸板矿山设备模型的制作更加简化、效果更加多样化。

(2) 厚纸板模型制作基本技巧

用厚纸板制作矿山设备模型是现在比较流行的一种制作方法，主要用于展示类模型的制作。基本技法可分为选材、画线、切割、黏结和修整等步骤。

① 选材。选材是制作此类模型不可缺少的一项工作。一般现在市场上出售的厚纸板有单面带色板，色彩种类较多。这种纸板给模型制作带来了极大的方便，可以根据模型制作要求选择不同色彩及肌理的基本材料。

② 画线。在材料选定后，便可以依据图纸进行分解。把设备物的平立面根据色彩的不同和制作形体的不同分解成若干个面，并把这些面分别画于不同的纸板上。画线时，模型制作人员一定要注意尺寸的准确性，尽量减少制作过程中的累计误差。同时，画线时要注意工具的选择和使用的方法。一般画线时使用的是铁笔或铅笔，若使用铅笔时要采用硬铅(H、2H)轻画来绘制图形，其目的是保证切割后刀口与面层的整洁。在具体绘制图形时，首先要在板材上找出一个直角边，然后利用这个直角边通过位移来绘制需要制作的各个面。这样绘制图形既准确快捷，又能保证组合时面与面、边与边的水平与垂直。

③ 切割。画线工作完成后，模型制作人员便可以进行切割。切割时，切割台面要保持平整，防止在切割时跑刀。切割顺序一般是由上至下、由左至右，沿这个顺序切割，不容易损坏已切割完的物件和已绘制完未被切割的图形。进行厚纸板切割是一项难度比较大的工序，由于被切割纸板厚度在 1 mm 以上，切割时很难一刀将纸板切透，所以一般要进行重复切割。重复切割时，一方面要注意刀角度要一致，防止切口出现梯面或斜面；另一方面要注意切割力度，要由轻到重，逐步加力，如果力度掌握不好，切割过程中很容易跑刀。在切割立面开窗时，不要一个窗口一个窗口切，要按窗口横纵顺序依次完成切割，这样才能使立面的开窗效果整齐划一。

④ 黏结。待整体切割完成后，即可进行黏结处理。一般黏结有三种形式，即面对面、边对面、边对边。a. 面对面黏结主要是各体块之间组合时采用的一种黏结形式，在进行这种形式的黏结时，要注意被黏结面的平整度，确保黏结缝隙的严密。b. 边对面黏结主要是立面间、平立面间、体块间组合时采用的一种黏结形式，在进行这种形式的黏结时，由于接口接触面较小，所以一定要确保接

口的严密性，同时还要根据黏结面的具体情况考虑进行内加固。c. 边与边黏结主要是面间组合时采用的一种黏结形式，在进行这种形式的黏结时，必须将两个黏结面的接口按黏结角度切成斜面，然后再进行黏结。在切割对接口时，一定要注意斜面要平直、角度要合适，这样才能保证接口的强度与美观。如果黏结口较长、接触面较小时，同样也可根据具体情况考虑进行内加固。

总之，接口无论采用何种形式对接，在接口切割完成后，便可以进行黏结了。在黏结过程中一定要考虑这样几个问题：一是面与面之间的关系，也就是说先黏哪个面后黏哪个面；二是如何增强接缝强度和哪些节点需要增加强度；三是如何保持模型表层完成后的整洁。

在黏结厚纸板时，一般采用白乳胶作为黏结剂。在具体黏结过程中，一般先在接缝内口进行点黏。由于白乳胶自然干燥速度慢，可以利用吹风机烘烤，以加快干燥速度。待胶液干燥后，检查一下接缝是否合乎要求，如达到制作要求即可在接缝处进行灌胶，如感觉接缝强度不够时，要在不影响视觉效果的情况下进行内加固。

在黏结组合过程中，由于设备物是由若干个面组成的，即使切割再准确也会存在累计误差，因此操作中要随时调整设备体量的制作尺寸，随时观察面与面、边与边、边与面的相互关系，确保模型造型与尺度。另外，在黏结程序上应注意先制作建筑物的主体部分，其他部分暂先不考虑，因为这些构件极易在制作过程中被碰损，所以只能在设备主体部分组装成型后再进行此类构件的组装。

⑤ 修整。在全部制作程序完成后，还要对模型做最后的修整，即清除表层污物及胶痕，对破损的纸面添补色彩等，同时还要根据图纸进行各方面的核定。

总之，用纸板制作矿山设备模型，无论是制作工艺还是制作方法都较为复杂，但只要掌握了制作的基本技巧，就能解决今后实际制作中出现的各种问题，从而使模型制作向着理性化、专业化的方向发展。

第 3 章　3D 打印技术

3D 打印(也称增材制造)技术是一种非传统加工工艺,是近 30 年来兴起的一项集光、机、电、计算机、数控及新材料于一体的先进制造技术。3D 打印改变了传统加工技术里以切削材料为主的制造方式,通过将粉末、液体或片状、丝状等离散材料逐层堆积,直接生成三维实体。理论上,只需要在计算机上设计出结构模型,就可以利用该技术绕过传统制造里复杂的生产工艺,快速地将设计变成实物,这符合现代和未来制造业对产品个性化、定制化、特殊化需求的发展趋势,因此可以说,3D 打印使得制造技术取得革命性的进步。

本章从 3D 打印的基础知识出发,分别介绍以下内容:

① 3D 打印的技术原理;

② 3D 打印的技术分类与优缺点;

③ 3D 打印材料;

④ 3D 打印与 3D 建模。

通过这些基础知识,让读者逐渐走进 3D 打印的世界,对这门新兴的制造技术有一个清晰的了解,为下阶段深入学习打下坚实的基础。

3.1　走进 3D 打印

3D 打印技术,是以计算机三维设计模型为蓝本,通过软件分层离散和计算机数字控制系统,利用激光束、热熔喷嘴等方式将金属粉末、陶瓷粉末、塑料、细胞组织等特殊材料进行逐层堆积黏结,最终叠加成形,制造出实体产品。与传统制造业通过模具、车床等机械加工方式对原材料进行定型、切削并最终生产出成品不同,3D 打印将三维实体变为若干个二维平面,通过对材料处理并逐层叠加进行生产,大大降低了制造的复杂度。这种数字化制造模式不需要复杂的工序,不需要庞大的机床,不需要众多的人力,直接从计算机图形数据便可生成任何形状的零件,使生产制造的中间环节降到最小限度。

3.1.1 3D 打印的优点

3D 打印机与传统的制造设备的不同之处，在于其不像传统制造设备那样通过切割或模具塑造来制造物品。3D 打印机通过层层堆积的方式来形成实体物品，恰好从物理的角度扩大了数字概念的范畴。当人们要求具有精确的内部凹陷或互锁部分的形状设计时，3D 打印技术便具备了与生俱来的优势。通过具体分析，我们认为 3D 打印技术至少包含了以下六个方面的优势。

(1) 高复杂度、多样化物品的生产将不会增加成本。其实，3D 打印设备制造一个形状复杂的物品与打印一个简单的方块所消耗的成本是相同的。就传统制造而言，物体形状越复杂，制造成本越高。但对于 3D 打印机而言，制造形状复杂的物品其成本并不会相应增长，制造一个华丽的、形状复杂的物品同打印一个相同体积、简简单单的方块，所消耗的时间、原材料或成本都相差无几。

(2) 产品无须组装、缩短交付时间。3D 打印机还具备着可以使部件一体化成形的特点，这样对减少劳动力和运输方面的花费将有显著的帮助。传统的大规模生产是建立在产业链和流水线基础上的，在现代化工厂中机器生产出相同的零部件，然后由机器人或工人进行组装。产品组成部件越多，供应链和产品线都将拉得越长，组装和运输所需要耗费的时间和成本就越多。而 3D 打印由于其生产特点，则可以做到同时打印一扇门以及上面的配套铰链，从而可以一体化成形，无须再次组装。3D 打印能够实现一体成型这一特点将可以很好地缩短供应链，节省在劳动力和运输方面的大量成本，并缩短交付时间。同时，3D 打印机还可以根据人们的需求按需打印，这样将可以最大程度上减少库存和运输成本。

(3) 制作技能门槛降低、设计空间无限。目前在传统制造业中，培养一个娴熟的工人往往需要很长的时间，而 3D 打印机的出现将可以显著降低生产技能的门槛。通过在远程环境或极端情况下批量生产，以及计算机控制制造，这些都将显著降低对生产人员技能的要求。3D 打印机从设计文件中自动分割计算出生产需要的各种指令集，制造同样复杂的物品，3D 打印机所需要的操作技能将比传统设备少很多。这种摆脱原来高门槛的非技能制造业，将可以进一步引导出众多新的商业模式，并能在远程环境或极端情况下为人们提供新的生产方式。

(4) 不占空间、便携制造。3D 打印的优点还在于可以自由移动，并制造出比自身体积还要庞大的物品。就单位生产空间而言，3D 打印机与传统制造设备相比，其制造能力和潜力都更加强大。例如，注塑机只能制造比自身小很多的物品，与此相反，3D打印机却可以制造和其打印台一样大的物品。由于其较高的单位空间生产能力，使得3D打印机更加适合家用或办公使用，这些都是有赖于3D打印机所需物理空间更小这一优势。

(5) 节约原材料，并可以多种材料无限组合。相对于传统的金属制造技术来说，3D打印机制造时产生的副产品更少。传统金属加工有着十分惊人的浪费量，一些精细化生产甚至会造成90%原材料的丢弃浪费。相对来说，3D打印机的浪费量将显著减少。随着打印材料的进步，“净成形”制造可能取代传统工艺成为更加节约环保的加工方式。

(6) 精确的实体复制。传统的黑胶唱片和磁带，往往只能通过实体物理传递来确保信息不被丢失，而数字音乐文件的出现则带来了革命性的变化，使得信息脱离了载体，可以被无休止地精确复制却不会降低音频质量。在未来，3D打印技术也将在整个生产制造领域，把数字精度延伸到实体世界之中。通过3D扫描技术和打印技术的运用，我们可以十分精确地对实体进行扫描、复制操作。3D扫描技术和打印技术将共同提高实体世界和数字世界之间形态转换的分辨率，缩小实体世界和数字世界的距离。

以上部分优势有的已经得到证实，有的可能会在未来的一二十年成为现实。3D打印将一次次突破人们熟悉的、历史悠久的传统制造技术的瓶颈，推陈出新，为整个人类社会今后的创新提供一个更加广阔的舞台。

3.1.2 3D打印的局限

金无足赤，人无完人。任何新技术都不可能一出现便完美无缺、无所不能，一定既存在优势同时又有缺点，3D打印技术也是如此，除了前面提到的六大优势外，它至少还存在以下三方面的劣势。

(1) 材料性能差，产品受力强度低。就现在的科技水平而言，与传统制造业相比，3D打印所制造的产品在很多方面(如强度、硬度、柔韧性、机械加工性等)，都与传统加工方式有一定差距。房子、车子虽然能“打印”出来，但要能够牢固地驱寒供暖，要能在路上安全可靠地高速行驶，还有很长的路要走。

(2) 可供打印的材料有限，且成本高昂。目前可供3D打印机使用的材料只有少数的几种，常用的主要有石膏、无机粉料、光敏树脂、塑料、金属粉末等。如果真要用3D打印机打印房屋或汽车，光靠这些材料还是差得很远。如果要使用3D打印进行金属材料加工，即使只是一些常见的材料，前期设备投入也普遍都在数百万元以上，其成本高昂可想而知。

(3) 制造精度问题。由于分层制造存在台阶效应，每个层虽然都分解得非常薄，但在一定微观尺度下，仍会形成具有一定厚度的多级“台阶”，如果需要制造的对象表面是圆弧形,那么就不可避免地会造成精度上的偏差。

此外,许多3D打印工艺制作的物品都需进行二次强化处理,当表面压力和温度同时提升时,3D打印生产的物品会因为材料的收缩与变形,进一步造成精度降低。

3.2 3D打印分类

3.2.1 光固化成型

光固化成型(stereo lithography apparatus,简称SLA)又称立体光刻成型,属于快速成型技术中的一种,有时也简称为SL。该技术是最早发展起来的快速成型技术,也是目前研究最深入、技术最成熟、应用最广泛的快速成型技术之一。

光固化成型技术主要是使用光敏树脂作为原材料,通过特定波长与强度的激光(紫外光)聚焦到光固化材料表面,使之由点到线、由线到面的顺序凝固,从而完成一个层截面的绘制工作。然后在垂直方向上升降打印台一个层厚单位的高度,接着再照射固化下一个层面。这样循环完成固化、移动的过程,从而层层叠加完成一个三维实体的打印工作。

1. 技术原理

光固化成型技术最早由美国麻省理工学院的赫尔·查尔斯于1986年研制成功,并于1987年获得专利。该技术主要以光敏树脂为原材料,通过计算机控制紫外激光发射装置逐层凝固成型。SLA工艺能简洁快速并全自动地打印出表面质量和尺寸精度较高、几何形状复杂的原型。

光固化成型打印效果除了受打印设备的影响外,受光敏树脂材料性能的影响很大。供使用的打印材料必须具有合适的黏度,固化后需具备一定的强度,并且在固化时和固化后产生的收缩及扭曲变形较小。更重要的是,为了实现高速、精密的打印操作,需要供打印的光敏树脂具有合适的光敏性能,不仅要在较低的能量照射下完全固化,而且树脂的固化深度也应合适。

SLA的工作原理如图3-1所示,在计算机控制下,紫外激光部件按设计模型分层截面得到的数据,对液态光敏树脂表面逐点扫描照射,使被照射区域的光敏树脂薄层发生聚合反应而固化,从而形成一个薄层的固化打印操作。当完成一个截面的固化操作后,工作台沿 Z 轴下降一个层厚的高度。由于液体的流动特性,打印材料会在原先固化好的树脂表面自动再形成一层新的液态树脂,因此照射部件便可以直接进行下一层的固化操作。新固化的层将牢固地结合在上一层固化好的部件上,循环重复照射、下沉的操作,直到整个部件被打印完成。但在打印完成后，还必须将原型从树脂中取出再次进行固化后处理，通过强光、电镀、喷漆或着色等处理得到需要的最终产品。

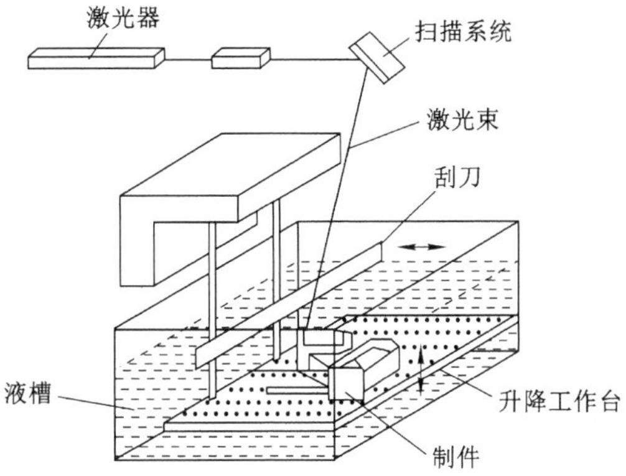

图 3-1　SLA 打印技术原理

需要特别注意的是，因为一些光敏树脂材料的黏度较大，流动性较差，使得在每层照射固化之后，液面很难在短时间内迅速流平，这将会对打印模型的精度造成影响。因此，大部分 SLA 设备都配有刮刀部件，在打印台每次下降后都通过刮刀进行刮切操作，便可以将树脂十分均匀地涂敷在下一叠层上，这样经过光照固化后可以得到较高的精度，并使最终打印产品的表面更加光滑和平整。

SLA 技术的特点是精度高、表面质量好、原材料利用率几乎达到惊人的 100%，能用于打印制作形状特别复杂、特别精细的零件，非常适合于小尺寸零部件的快速成型，但缺点是设备及打印原材料的价格都相对比较昂贵。

目前 SLA 技术主要集中用于制造模具、模型等，同时还可以在原料中通过加入其他成分，用于代替熔模精密铸造中的蜡模。虽然 SLA 技术打印速度较快、精度较高，特别是一些基于该技术的改进版本，例如 DLP（digital light processing，数字光处理）等，但由于打印材料必须基于光敏树脂，而光敏树脂在固化过程中又会不可避免地产生收缩，导致产生应力或引起形变。因此，该技术当前推广的一大难点便是寻找一种收缩小、固化快、强度高的光敏材料。

2. 工艺流程

SLA 技术的工艺过程一般可分为前处理、原型制作、清理和后固化处理四个阶段。

① 前处理阶段的主要工作是围绕打印模型的数据准备工作，具体包括对 CAD 设计模型进行数据转换、确定摆放方位、施加支撑和切片分层等。

② 原型制作过程即 SLA 设备打印的过程。在正式打印之前，SLA 设备一

般都需要提前启动，使得光敏树脂原材料的温度达到预设的合理温度，并且启动紫外光也需要一定的时间。

③ 清理模型主要是擦掉多余的液态树脂，去除并修整原型的支撑，以及打磨逐层固化形成的台阶纹理。

④ 对于光固化成型的各种方法，普遍都需要进行后固化处理，例如通过紫外烘箱进行整体后固化处理等。

3. 技术特点

SLA 技术的优势在于成型速度快、原型精度高，非常适合制作精度要求高、结构复杂的小尺寸工件。在使用 SLA 技术的工业级 3D 打印机领域，比较著名的是 Object 公司。该公司为 SLA3D 打印机提供超过 100 种以上的感光材料，是目前支持材料最多的 3D 打印设备。同时，Object 系列打印机支持的最小层厚已达到 16 μm (0.016 mm)，在所有 3D 打印技术中，SLA 打印成品具备最高的精度、最好的表面光洁度等优势。

但是 SLA 技术也有两个不足：首先是光敏树脂原料具有一定的毒性，操作人员在使用时必须具备防护措施。其次，光固化成型的成品在整体外观方面表现非常好，但是材料强度方面尚不能与真正的制成品相比，这在很大程度上限制了该技术的发展，使得其应用领域限制于原型设计验证方面，后续需要通过一系列处理工序才能将其转化为工业级产品。

此外，SLA 技术的设备成本、维护成本和材料成本都远远高于 FDM 等技术。因此，目前基于光固化技术的 3D 打印机主要应用于专业领域，桌面级应用尚处于启动阶段，相信不久的将来会有更多低成本的 SLA 桌面 3D 打印机面世。

具体来讲，SLA 技术的优势主要有以下几个方面：

① SLA 技术出现时间早，经过多年的发展，技术成熟度高。

② 打印速度快，光敏反应过程便捷，产品生产周期短，并无须切削工具与模具。

③ 打印精度高，可打印结构外形复杂或传统技术难于制作的原型和模具。

④ 上位软件功能完善，可联机操作及远程控制，利于生产的自动化。

相比其他打印技术而言，SLA 技术的主要缺陷在于：

① SLA 设备普遍价格高昂，使用和维护成本很高。

② 需要对毒性液体进行精密操作，对工作环境要求苛刻。

③ 受材料所限，可使用的材料多为树脂类，使得打印成品的强度、刚度及耐热性能都非常有限，并且不利于长时间保存。

④ 核心技术被少数公司所垄断，技术和市场潜力未能全部被挖掘。

3.2.2 叠层法成型

层叠法成型技术(laminated object manufacturing,简称 LOM)又叫分层实体制造法,最初由美国 Helisys 公司的工程师 Michael Feygin 于 1986 年研制成功。后来由于技术合作被引进中国,目前,南京紫金立德电子有限公司成为全球唯一拥有该技术核心专利的公司。分层实体制造法也成为众多快速成型技术中唯一由中国企业掌握的关键技术,基于该技术的商业 3D 打印机也于 2010 年成功推出。

1. 技术概述

LOM 技术和设备自 1991 年问世以来,得到迅速发展。这项技术多使用纸材,具有成本低廉、制件速度快、精度高且外观优美等优点,因此在产品概念设计、造型设计和制造母模等方面应用较广,相比其他几种快速成型制造方法,受到的关注更多。

LOM 技术的基本原理较为简单,因此加强在工艺因素、过程控制和拓展其原型应用领域的研究对推动该技术的发展十分重要。LOM 技术的制造过程涉及计算机造型、激光应用、精密机械传动和控制、材料学技术等。

2. 技术原理

LOM 技术是当前世界范围内几种最成熟的快速成型制造技术之一,主要以片材(如纸片、塑料薄膜或复合材料)作为原材料。一些改进型的 LOM3D 打印机能够打印出媲美二维印刷的色彩,因此受到了各界非常广泛的关注,特别是在产品概念设计可视化、造型设计评估、装配检验、快速制模以及直接制模等方面得到了大量应用。

其成形原理大致如图 3-2 所示。首先,激光及定位部件根据预先切片得到的横断面轮廓数据,对背面涂有热熔胶并经过特殊处理的片材进行切割,这样便完成了一个层面的切割。其次,供料和收料部件将旧料移除,并叠加上一层新的片材。最后,利用热黏压装置对背部涂有热熔胶的片材进行碾压,使新层同已有部件黏合,再经过切割,最终制成需要的三维工件。目前,可供 LOM 设备打印的材料有纸、金属箔、塑料膜、陶瓷膜等,而用途上除了可以制造模具、模型外,也可以直接制造一些结构件或功能件。

根据上面的简单描述,我们可以知道 LOM3D 打印机同其他设备一样,需要先使用切片软件对三维数字模型进行切片计算,以获得模型的各个截面的轮廓数据。然后才能根据切面轮廓数据,在上位软件的控制下,发出指令控制激光切割系统,使切割头沿 X 轴和 Y 轴方向移动。同时,供料部件将背面涂有热熔胶的片材(如涂覆纸、涂覆陶瓷箔、金属箔、塑料结材)一段一段地传送

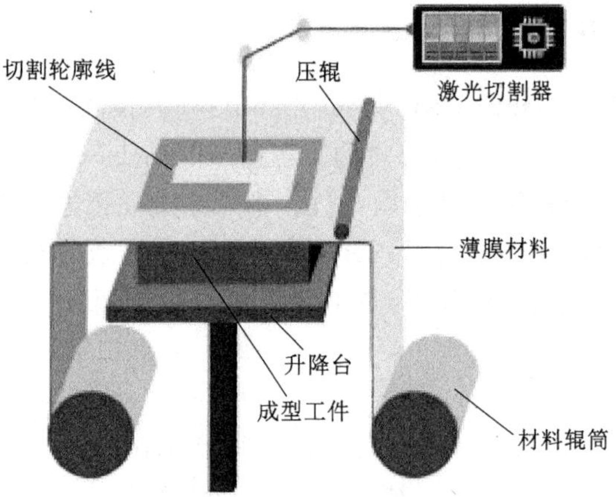

图 3-2　LOM 打印机技术原理

至工作台的上方，激光切割系统再采用二氧化碳激光束将工作台上的原材料切割出工件轮廓线同样的形状。对于废料的处理，一些设备会先将片材无轮廓区域的部分切割成小碎片，再通过回收装置进行移除或最后统一去除。

由于热压机构将一层层纸压紧并黏合在一起，使得打印过程中各层之间便已形成黏结，因此不需要考虑添加支撑部件，升降工作台可以直接支撑正在成型的工件，只需在每层打印完成后，下降一个层的高度即可。

采用 LOM 工艺制作的大中型原型件，具备翘曲变形较小、尺寸精度较高、成型时间较短等特点，同时用于切割的激光器使用寿命更长，打印完成的成品可以保存良好的机械性能。这种特征使得 LOM 设备非常适合于产品设计的概念建模和功能性测试零件。另外，由于制成的零件具有木质属性，因而还特别适合于直接制作砂型铸造模。

3. 工艺流程

在 LOM 工艺的实际使用中，设备基本都会将单面涂有热熔胶的片材通过热辊来完成加热操作。完成加热后热熔胶在加热状态下产生黏性，使得由纸、陶瓷箔、金属箔等构成的材料得以黏结起来。接着，操作台上方的激光器按照 CAD 模型分层数据，用激光束将片材切割成所制零件的内外轮廓。然后再铺上新的一层片材，通过热压装置将其与下面已切割层黏合在一起，激光束再次进行切割。然后不断重复这个过程，直至整个零部件打印完成。

通过这些，我们不难发现，LOM 工艺其实还是具有传统切削工艺的影子，只不过它不是用大块原材料进行整体切削，而是将原来的零部件模型分割为多层，然后进行逐层切削。LOM 设备打印的具体工艺过程包括以下步骤：① 通过进料辊完成填料操作，将片材引导进入工作台面上；② 热压辊同时进行加热，将片材进行加热融化处理，使其同上一层成型材料完成黏结操作；③ 通过激光或刀具按切片形成的轮廓进行切割处理；④ 打印平台下沉一个层厚的高度，然后通过出料辊和进料辊同时完成残余材料的移出，以及新材料的移入操作，之后重复整个打印过程，直至完成整个物体的打印工作；⑤ 将成型件从打印平台上移除，然后进行打磨、密封等后处理。

需要特别注意的是，尽管 LOM 工艺支持多种材料，但多使用纸张作为其原材料，因此，在打印完成后都需要使用砂纸进行磨光，并用密封漆来进行防潮等处理。如果不进行密封防潮处理，则打印品将特别容易受到水分渗透影响，进而导致打印品使用寿命显著降低。

4. 技术特点

目前，该打印技术能成熟使用的打印材料相比熔融沉积成型技术设备而言要少很多，最为成熟和常用的还是涂有热敏胶的纤维纸。由于原材料的限制，导致打印出的最终产品在性能上仅相当于高级木材，一定程度上限制了该技术的推广和应用。虽然该技术同时具备工作可靠、模型支撑性好、成本低、效率高等优点，但缺点是打印前准备和后处理都比较麻烦，并且不能打印带有中空结构的模型。因此，在具体使用中多用于快速制造新产品样件、模型或铸造用木模。概括来说，LOM 打印技术的优点主要有以下几个方面：

① 成型速度较快。由于 LOM 本质上并不属于增材制造，无须打印整个切面，只需要使用激光束将物体轮廓切割出来，所以成型速度很快，因而常用于加工内部结构简单的大型零部件。

② 模型精度很高，并可以进行彩色打印，同时打印过程造成的翘曲变形非常小。

③ 原型能承受高达 200 ℃的温度，有较高的硬度和较好的力学性能。

④ 无须设计和制作支撑结构，并可直接进行切削加工。

⑤ 原材料价格便宜，原型制作成本低，可用于制作大尺寸的零部件。

LOM 技术的缺点也非常显著，主要包括以下几个方面：

① 受原材料限制，成型件的抗拉强度和弹性都不够好。

② 打印过程有激光损耗，并需要专门实验室环境，维护费用高昂。

③ 打印完成后不能直接使用，必须手工去除废料，因此也不宜构建内部结构复杂的零部件。

④ 后处理工艺复杂，原型易吸水膨胀，需进行防潮等处理。

⑤ Z 轴精度受材质和胶水层厚决定，实际打印成品普遍有台阶纹理，难以直接构建形状精细、多曲面的零件，因此打印后还需进行表面打磨等处理。

另外，需要再次强调的是，纸材最显著的缺点是对湿度极其敏感，LOM 原型吸湿后工件 Z 轴方向容易产生膨胀，严重时叠层之间会脱落。为避免因吸湿明显而造成的影响，需要在原型剥离后的短期内迅速进行密封处理。经过密封处理后的工件则可以表现出良好的性能，包括强度和抗热、抗湿性。

3.2.3 熔融沉积成型

熔融沉积成型(fused deposition modeling，简称 FDM)，又称熔丝沉积，是一种快速成型技术。FDM 是将低熔点材料熔化后，通过由计算机数控的精细喷头按 CAD 分层截面数据进行二维填充，喷出的丝材经冷却、黏结、固化生成一薄层截面，层层叠加成三维实体。随着 FDM 技术专利的到期，网上开源的 FDM 以其低门槛、低价格迅速占领了 3D 打印的个人消费市场，而在国内工业级 FDM 的 3D 打印市场中，国外产品仍是主流。

1. 机械结构

FDM 系统主要包括喷头、送丝机构、运动机构、加热工作室、工作台 5 个部分，如图 3-3 所示。喷头是最复杂的部分，材料在喷头中被加热熔化，喷头底部有一喷嘴供熔融的材料以一定的压力挤出，喷头沿零件截面轮廓和填充轨迹运动时挤出材料，与前一层黏结并在空气中迅速固化，如此反复进行即可得到实体零件。它的工艺过程决定了它在制造悬臂件时需要添加支撑，这点与 SLS 完全不同。支撑可以用同一种材料建造，只需要一个喷头，现在一般都采用双喷头独立加热，一个用来喷模型材料制造零件，另一个用来喷支撑材料作支撑，两种材料的特性不同，制作完毕后去除支撑相当容易。

送丝机构为喷头输送原料，送丝要求平稳可靠。原料丝直径一般为 1～2 mm，喷嘴直径只有 0.2～0.3 mm，这个差别保证了喷头内一定的压力和熔融后的原料能以一定的速度(必须与喷头扫描速度相匹配)被挤出成型。送丝机构和喷头采用推—拉相结合的方式，以保证送丝稳定可靠，避免断丝或积瘤。

运动机构包括 X、Y、Z 三个轴的运动，快速成型技术的原理是把任意复杂的三维零件转化为平面图形的堆积，因此不再要求机床进行三轴及三轴以上的联动，大大简化了机床的运动控制，只要能完成二轴联动就可以了。XY 轴的联动扫描完成 FDM 工艺喷头对截面轮廓的平面扫描，Z 轴则带动工作台实现高度方向的进给。

加热工作室用来给成型过程提供一个恒温环境。熔融状态的丝挤出成型后如果骤然冷却，容易造成翘曲和开裂，适当的环境温度可最大限度地减小这种造型缺陷，提高成型质量和精度。

工作台主要由台面和泡沫垫板组成，每完成一层成型，工作台便下降一层高度。

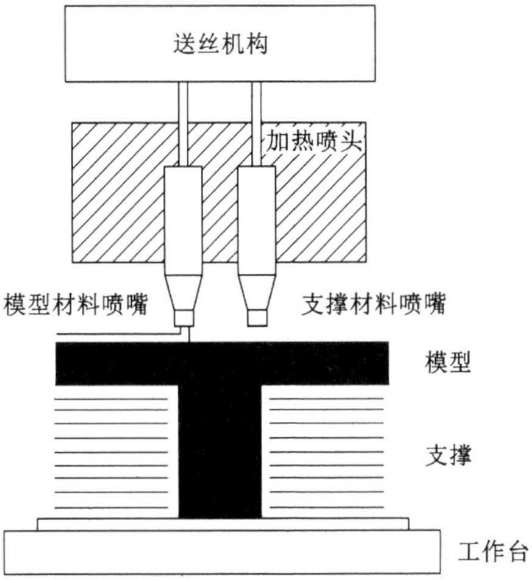

图 3-3　FDM 工艺原理示意图

2. 工艺参数控制

在使用 FDM 快速成型系统进行成型加工之前，必须考虑以下工艺参数的控制：分层厚度、喷嘴直径、喷嘴温度、环境温度、挤出速度、填充速度、理想轮廓线的补偿量以及延迟时间。

分层厚度是指将三维数据模型进行切片时层与层之间的高度，也是 FDM 系统在沉积填充实体时每层的厚度。分层厚度较大时，原型表面会有明显的"台阶"，影响原型的表面质量和精度；分层厚度较小时，原型精度会较高，但需要加工的层数增多，成型时间也就较长。

喷嘴直径直接影响喷丝的粗细，一般喷丝越细，原型精度越高，但每层的加工路径会更密更长，成型时间也就越长。工艺过程中为了保证上下两层能够牢固地黏结，一般分层厚度需要小于喷嘴直径，例如喷嘴直径为 0.15 mm，分层厚度取 0.1 mm。

挤出速度是指喷丝在送丝机构的作用下，从喷嘴中挤出时的速度。填充速度则是指喷头在运动机构的作用下，按轮廓路径和填充路径运动时的速度。在保证运动机构运行平稳的前提下，填充速度越快，成型时间越短，效率越高。另外，为了保证连续平稳地出丝，需要将挤出速度和填充速度进行合理匹配，使得喷丝从喷嘴挤出时的体积等于黏结时的体积(此时还需要考虑材料的收缩率)。如果填充速度与挤出速度匹配后出丝太慢，则材料填充不足，出现断丝现象，难以成型；相反，填充速度与挤出速度匹配后出丝太快，熔丝堆积在喷头上，使成型面材料分布不均匀，表面会有疙瘩，影响造型质量。

喷嘴温度是指系统工作时喷嘴被加热到的温度。环境温度是指系统工作时原型周围环境的温度，通常是指工作室的温度。喷嘴温度应在一定的范围内选择，使挤出的丝呈黏弹性流体状态，即保持材料黏性系数在一个适用的范围内。环境温度则会影响成型零件的热应力大小，影响原型的表面质量。研究表明，对改性聚丙烯这种材料，喷嘴温度应控制在230 ℃。同时为了顺利成型，应该把工作室的温度设定为比挤出丝的熔点温度低1～2 ℃。

FDM成型过程中，由于喷丝具有一定的宽度，造成填充轮廓路径时的实际轮廓线超出理想轮廓线一些区域，因此，需要在生成轮廓路径时对理想轮廓线进行补偿。该补偿值称为理想轮廓线的补偿量，它应当是挤出丝宽度的一半。而工艺过程中挤出丝的形状、尺寸受到喷嘴孔直径、分层厚度、挤出速度、填充速度、喷嘴温度、成型室温度、材料黏性系数及材料收缩率等诸多因素的影响，因此，挤出丝的宽度并不是一个固定值，从而，理想轮廓线的补偿量需要根据实际情况进行设置调节，其补偿量设置正确与否，直接影响着原型制件尺寸精度和几何精度。

延迟时间包括出丝延迟时间和断丝延迟时间。当送丝机构开始送丝时，喷嘴不会立即出丝，而有一定的滞后，把这段滞后时间称为出丝延迟时间。同样当送丝机构停止送丝时，喷嘴也不会立即断丝，把这段滞后时间称为断丝延迟时间。在工艺过程中，需要合理地设置延迟时间参数，否则会出现拉丝太细、黏结不牢，甚至断丝、缺丝的现象，或者出现堆丝、积瘤等现象，严重影响原型的质量和精度。

3. 工艺特点

与其他工艺相比，FDM工艺具有以下优势：

① 不采用激光系统，使用和维护简单，从而把维护成本降到了最低水平。多用于概念设计的FDM成型机对原型精度和物理化学特性要求不高，便宜的价格是其推广开来的决定性因素。

② 成型材料广泛，热塑性材料均可应用。一般采用低熔点丝状材料，大多为高分子材料，如ABS、PLA、PC、PPSF以及尼龙丝和蜡丝等。ABS原型强度可以达到注塑零件的三分之一；PC、PC/ABS、PPSF等材料，强度已经接近或超过普通注塑零件，可在某些特定场合（试用、维修、暂时替换等）下直接使用。虽然直接金属零件成型的材料性能更好，但在塑料零件领域，FDM工艺是一种非常适宜的快速制造方式。随着材料性能和工艺水平的进一步提高，会有更多的FDM原型在各种场合直接使用。

③ 环境友好，制件过程中无化学变化，也不会产生颗粒状粉尘。与其他使

用粉末和液态材料的工艺相比，FDM使用的塑料丝材更加清洁，易于更换、保存，不会在设备中或附近形成粉末或液体污染。

④ 设备体积小巧，易于搬运，适用于办公环境。

⑤ 原材料利用率高，且废旧材料可进行回收再加工，并实现循环使用。

⑥ 后处理简单。仅需要几分钟到一刻钟的时间剥离支撑后，原型即可使用。而现在应用较多的SL、SLS、3DP等工艺均存在清理残余液体和粉末的步骤，并且需要进行后固化处理，需要额外的辅助设备。这些额外的后处理工序一是容易造成粉末或液体污染，二是增加了几个小时的时间，不能在成型完成后立刻使用。

⑦ 成型速度较快。一般来讲，FDM工艺相对于SL、SLS、3DP工艺来说，速度是比较慢的，但是也有一定的优势。当对原型强度要求不高时，可通过减小原型密实程度的方法提高FDM成型速度。通过试验，具有某些结构特点的模型，最高成型速度已经可以达到60 cm^3/h。通过软件优化及技术进步，预计可以达到200 cm^3/h的高速度。

同样，其缺点也是显而易见的，主要有以下几点：

① 由于喷头的运动是机械运动，速度有一定限制，所以成型时间较长。

② 与光固化成型工艺以及三维打印工艺相比，成型精度较低，表面有明显的台阶效应。

③ 成型过程中需要加支撑结构，且支撑结构手动剥除困难，同时影响制件表面质量。

3.2.4　立体喷墨打印法

20世纪90年代初，液滴喷射技术受到从事快速成型工作的国内外人员的广泛关注，这种技术适用于三维打印快速成型，也就是现在所说的3D Printing，又叫三维印刷。在1992年，美国麻省理工学院伊曼纽尔·塞奇斯等人利用平面打印机喷墨的原理成功喷射出具有黏性的溶液，再根据三维打印的思想以粉末为打印材料，最终获得三维实体模型，这种工艺也就是三维印刷(3DP)工艺。

1. 基本原理

3DP成型技术是一种基于喷射技术，从喷嘴喷射出液态微滴或连续的熔融材料束，按一定路径逐层堆积成型的快速成型技术。三维打印也称粉末材料选择性黏结，和SLS类似，这个技术的原料也是粉末状，不同的是3DP不是将材料熔融，而是通过喷头喷出黏结剂将材料结合在一起，其工艺原理如图3-4所示。喷头在计算机的控制下，按照截面轮廓的信息，在铺好的一层粉末材料上，有选择性地喷射黏结剂，使部分粉末黏结，形成截面层。一层完成后，工作台下降一个层厚，铺粉，喷黏结剂，再进行后一层的黏结，如此循环形成三维制件。黏结得到的制件要置于加热炉中，做进一步的固化或烧结，以提高黏结强度。

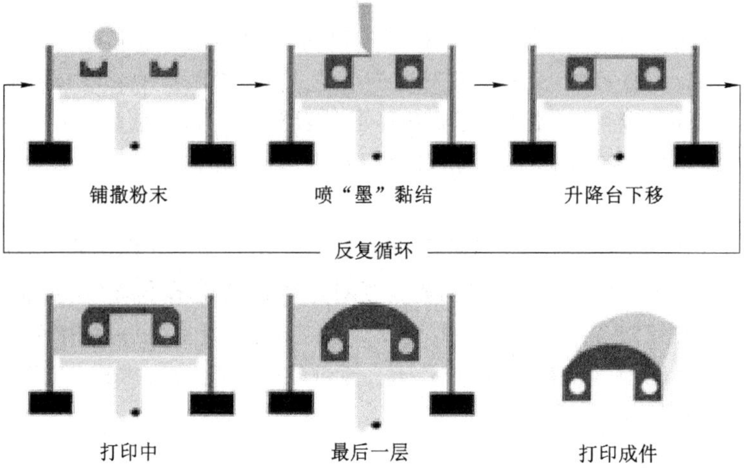

图 3-4 3DP 工艺原理图

2. 成型流程

3DP 技术是一个多学科交叉的系统工程，涉及 CAD/CAM 技术、数据处理技术、材料技术、激光技术和计算机软件技术等。在快速成型技术中，首先要做的就是数据处理，从三维信息到二维信息的处理，这是非常重要的一个环节。成型件的质量高低与这一环节的方法及其精度有着非常紧密的关系。在数据处理的系统软件中，可以将分层软件看成 3D 打印机的核心。分层软件是 CAD 到快速成型的桥梁。其成型工艺过程包括模型设计、分层切片、数据准备、打印模型及后处理等步骤。在采用 3DP 设备制件前，必须对 CAD 模型进行数据处理。由 UG、Pro/E 等 CAD 软件生成 CAD 模型，并输出 STL 文件，必要时需采用专用软件对 STL 文件进行检查并修正错误。但此时生成的 STL 文件还不能直接用于三维打印，必须采用分层软件对其进行分层。层厚大，精度低，但成型时间快；相反，层厚小，精度高，但成型时间慢。分层后得到的只是原型一定高度的外形轮廓，此时还必须对其内部进行填充，最终得到三维打印数据文件。

3DP 具体工作过程如下：① 采集粉末原料；② 将粉末铺平到打印区域；③ 打印机喷头在模型横截面定位，喷黏结剂；④ 送粉活塞上升一层，实体模型下降一层以继续打印；⑤ 重复上述过程直至模型打印完毕；⑥ 去除多余粉末，固化模型，进行后处理操作。

3. 成型特点

SLA、SLS 等快速成型设备以激光作为能源，但激光系统（包括激光器、冷却器、电源和外光路）的价格及维护费用非常昂贵，致使制件的成本较高，而基于喷射黏结剂堆积成型的 3DP 设备采用相对较廉价的打印头。另外，3DP 快速成型方法避免了 SLA、SLS 及 FDM 等快速成型方法对温度及环境的要求。

3DP 技术具有以下特点：

① 成本低、体积小。无须复杂的激光系统，整体造价大大降低，喷射结构高度集成化，没有庞杂的辅助设备，结构紧凑，适合办公室使用。

② 材料类型广泛。根据使用要求，可以是热塑性材料、金属或陶瓷材料，也可以是种类繁多的粉末材料，如陶瓷、金属、石膏、淀粉及各种复合材料，还可以是成型复杂的梯度材料零件。

③ 工作过程中无污染。成型过程中无大量热产生，无毒无污染，环境友好。

④ 成型速度快。成型头一般具有多个喷嘴，成型速度比采用单个激光头逐点扫描要快得多。

⑤ 高度柔性。这种制造方式不受零件的形状和结构的任何约束，且不需要支撑结构，未被喷射黏结剂的成型粉末起到支撑的作用，使复杂模型的直接制造成为可能，尤其是内腔复杂的原型。

⑥ 运行费用低且可靠性高。成型喷头维护简单，消耗能源少，可靠性高，运行费用和维护费用低。

⑦ 和其他工艺相比，本工艺可以制作颜色多样的模型，彩色 3DP 加强了模型的信息传递潜力。

但是，3DP 技术也存在以下不足之处：

① 制件强度较低。由于采用液滴直接黏结成型，制件强度低于其他快速成型方式，一般需要进行后处理。

② 制件精度有待提高。特别是液滴黏结粉末的三维打印成型，其表面精度受粉末材料特性的约束。

③ 只能使用粉末原型材料。

3.2.5　激光选区烧结

1. 技术概述

激光选区烧结（selective laser sintering，简称 SLS）由美国得克萨斯大学奥斯汀分校的 C. R. 德查尔于 1989 年研制成功。SLS 是有选择地将材料粉末在高强度的激光照射下烧结在一起，得到零件的截面，通过层层叠加的方法生成所需形状的零件。其整个工艺过程包括CAD模型建立、数据处理、铺粉、烧结以及后处理等。SLS成型方法的选材范围广泛，尼龙、蜡、ABS、金属和陶瓷粉末等都可以作为原材料。SLS不需要支撑结构，因而在成型设备和系统软件中也无须考虑支撑系统。总之，SLS成型方法有着制造工艺简单、柔性度高、材料选择范围广、材料价格便宜、成本低、材料利用率高、成型速度快等特点。针对以上特点，SLS法主要应用于铸造业，并且可以用来直接制作快速模具。

2. 工艺基本原理

SLS工艺主要是将粉末材料（塑料粉等与黏结剂的混合粉）通过二氧化碳激光器进行选择性烧结。在开始加工之前将充有氮气的工作室升温，将温度维持在粉末的熔点以下；成型阶段送料桶上升，铺粉小车移动，在工作平台上铺一层粉末材料，然后激光束在计算机的控制下按照界面轮廓对实心部分的粉末进行烧结，继而熔化粉末形成一层固体轮廓。每一层烧结完成之后，工作台下降一个截面层的高度，再次铺上粉末，进行下一层烧结，如此循环，直至完成整个实体构建。在实体构建完成并充分冷却后，需要将加工件取出置于后处理工作台上，去除残留的粉末。在成型过程中，未经烧结的粉末对模型的空腔和悬臂部分起支撑作用，无须另行生成支撑工艺结构。SLS工艺原理如图3-5所示。

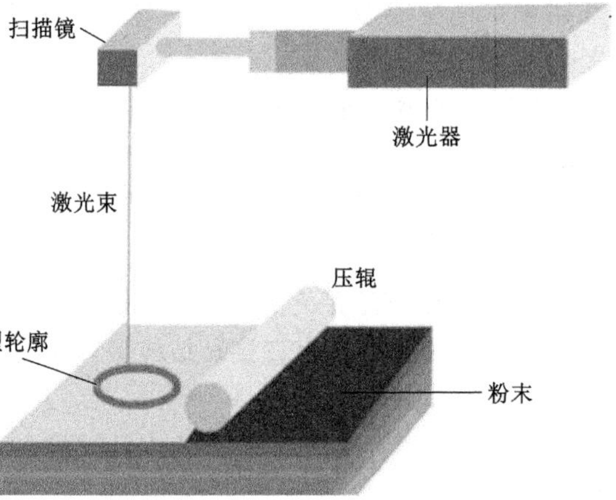

图3-5　SLS工艺原理

3.2.6　激光选区熔化

激光选区熔化(selective laser melting，简称SLM)技术和SLS技术是快速成型技术的重要组成部分。它是近年来发展起来的快速成型技术，相对其他快速成型技术而言，SLM技术更高效、更便捷，开发前景更广阔，它可以利用单一金属或混合金属粉末直接制造出具有冶金结构、致密性接近100%、具有较高尺寸精度和较好表面粗糙度的金属零件。SLM技术综合运用了新材料、激光技术、计算机技术等前沿技术,受到国内外的高度重视,成为新时代极具发展潜力的高新技术。如果这一技术取得重大突破,将会带动制造业的跨越式发展。

SLM技术的工作原理与SLS技术类似。其主要的不同在于粉末的结合方式不同,SLS技术是通过低熔点金属或黏结剂的熔化把高熔点的金属粉末或非金属粉末黏结在一起的液相烧结方式,SLM技术是将金属粉末完全熔化,因此其要求的激光功率密度要明显高于SLS技术。为了保证金属粉末材料的快速熔化,SLM技术需要高功率密度激光器,光斑聚焦到几十微米。SLM技术目前都选用光束模式优良的光纤激光器,激光功率50～400 W,功率密度达5×10^6 W/cm^{2}以上。

SLM的工艺原理示意图如图3-6所示。首先,通过专用的软件对零件的CAD三维模型进行切片分层,将模型离散成二维截面图形,并规划扫描路径,得到各截面的激光扫描信息。在扫描前,先通过刮板将送粉升降器中的粉末均匀地平铺到激光加工区。随后计算机将根据之前所得到的激光扫描信息,通过扫描振镜控制激光束选择性地熔化金属粉末,得到与当前二维切片图形一样的实体。然后成型区的升降器下降一个层厚,重复上述过程,逐层堆积成与模型相同的三维实体。

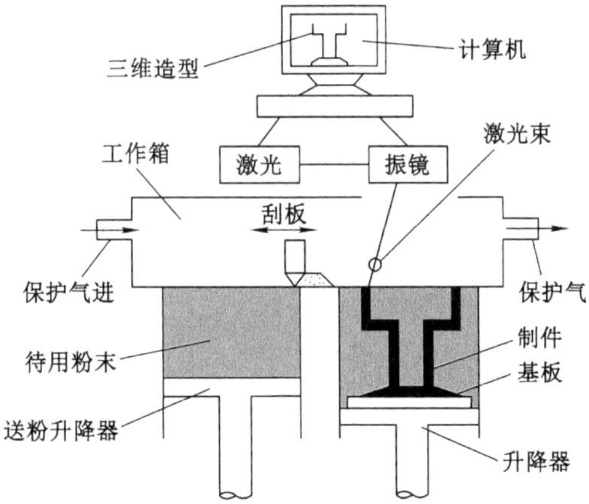

图3-6 SLM工艺原理示意图

SLM技术具有以下几个方面的优势:

① 直接由三维设计模型驱动制成终端金属产品,省掉中间过渡环节,节约了开模、制模的时间。

② 激光聚焦后具有细小的光斑，容易获得高功率密度，可加工出具有较高尺寸精度(达 0.1 mm)及良好表面粗糙度(Ra 为 30～50)的金属零件。

③ 成型零件具有冶金结合的组织特性，相对密度能达到近乎 100%，力学性能可与铸锻件相比。

④ 适合成型各种复杂形状的工件，如内部有复杂内腔结构、医学领域具有个性化需求的零件，这些零件采用传统方法无法制造出。

3.3 3D 打印材料

3.3.1 3D 打印材料的要求

3D 打印对材料性能的一般要求有：利于快速、精确地加工原型零件；产物应当接近最终要求，应尽量满足对强度、刚度、耐潮湿性、热稳定性等的要求；产物应该有利于后续处理工艺。

3D 打印的四个应用目标：概念型、测试型、模具型、功能零件，不同的应用目标对成型材料的要求也不同。

概念型目标对材料成型精度和物理化学特性要求不高，主要要求成型速度快。如对光敏树脂，要求较低的临界曝光功率、较大的穿透深度和较低的黏度。

测试型目标对于成型后的强度、刚度、耐温性、抗蚀性等有一定要求，以满足测试要求。如果用于装配测试，则要求成型件有一定的精度。

模具型目标要求材料适应具体模具制造要求，如强度、硬度。对于消失模铸造用原型，要求材料易于去除，烧蚀后残留少、灰分少。

功能零件目标则要求材料具有较好的力学和化学性能。

目前常用的 3D 打印技术主要思路有烧结、沉积、光固化等，而各种不同的思路对于材料的要求也是不一样的。

1. 烧结

理论上讲，所有受热后能相互黏结的粉末材料或表面覆有热塑(固)性黏结剂的粉末材料都能用作 SLS 材料。

但要真正适合 SLS 烧结，要求粉末材料有良好的热塑(固)性，一定的导热性，粉末经激光烧结后要有一定的黏结强度；粉末材料的粒度不宜过大，否则会降低成型件质量；而且 SLS 材料还应有较窄的软化—固化温度范围，该温度范围较大时，制件的精度会受影响。

大体来讲，3D 打印激光烧结成型工艺对成型材料的基本要求是：具有良好的烧结性能，无须特殊工艺即可快速精确地成型原型；对于直接用作功能零件或模具的原型，机械性能和物理性能(强度、刚性、热稳定性、导热性及加工性能)要满足使用要求；当原型间接使用时，要有利于后续处理和加工工序，即与后续工艺的衔接性要好。

2. 沉积

FDM的成型质量除受成型设备和数据处理软件的影响外，还取决于成型材料和成型工艺参数。用于FDM的热塑性塑料应具有低的凝固收缩率、陡的黏温曲线和较好的强度、刚度、热稳定性等物理机械性能。

在实施FDM工艺之前，聚合物材料首先要经过螺杆挤出机制成直径2 mm的单丝，所以需满足挤出成型方面的要求。

针对FDM的工艺特点，聚合物材料还应满足以下要求。

(1) 机械性能丝状进料方式要求料丝具有一定的弯曲强度、压缩强度和拉伸强度，这样在驱动摩擦轮的牵引和驱动力作用下才不会发生断丝现象，支撑材料只要保证不轻易折断即可。

(2) 收缩率成型材料收缩率大，会使FDM工艺中产生内应力，使零件产生变形甚至导致层间剥离和零件翘曲；支撑材料收缩率大，会使支撑产生变形而起不到支撑作用。材料的收缩率越小越好。

(3) 对于成型材料，应保证各层之间有足够的黏结强度；对于可剥离性支撑材料，应与成型材料之间形成较弱的黏结力；对于水溶性支撑材料，要保证良好的水溶性，应能在一定时间内溶于碱性水溶液。

3. 光固化

(1) 材料黏度低，利于成型树脂较快流平，便于快速成型。

(2) 固化收缩小，固化收缩易导致零件变形、翘曲、开裂等，影响成型零件的精度，低收缩性树脂有利于成型出高精度零件。

(3) 湿态强度高，较高的湿态强度可以保证后固化过程不产生变形、膨胀及层间剥离。

(4) 溶胀小，湿态成型件在液态树脂中的溶胀会造成零件尺寸偏大。

(5) 杂质少，固化过程中没有气味，毒性小。

应用于SLA技术的光敏树脂，通常由两部分组成，即光引发剂和树脂，其中树脂由预聚物、稀释剂及少量助剂组成。

当光敏树脂中的光引发剂被光源(特定波长的紫外光或激光)照射吸收能量时，会产生自由基或阳离子，自由基或阳离子使单体和活性低聚物活化，从而发生交联反应而生成高分子同化物。

树脂在固化过程中都会发生收缩，通常线收缩率约为3%。从高分子化学角度讲，光敏树脂的固化过程是从短的小分子体向长链大分子聚合体转变的过程，其分子结构发生很大变化，因此，固化过程中的收缩是必然的。

从高分子物理学方面来解释，处于液体状态的小分子之间为范德瓦尔斯作用力，而固体态的聚合物其结构单元之间处于共价键距离，共价键距离远小于范德瓦尔斯力的距离，所以液态预聚物固化变成固态聚合物时，必然会导致零件的体积收缩。

尽管树脂在激光扫描过程中已经发生聚合反应，但只是完成部分聚合作用，零件中还有部分处于液态的残余树脂未固化或未完全固化（扫描过程中完成部分固化，避免完全固化引起的变形），零件的部分强度也是在后固化过程中获得的，因此，后固化处理对完成零件内部树脂的聚合，提高零件最终力学强度是必不可少的。后固化时，零件内未固化树脂发生聚合反应，体积收缩产生均匀或不均匀形变。

与扫描过程中变形不同的是，由于完成扫描之后的零件是由一定间距的层内扫描线相互黏结的薄层叠加而成，线与线之间、面与面之间既有未固化的树脂，相互之间又存在收缩应力和约束作用，以及从加工温度（一般高于室温）冷却到室温引起的温度应力，这些因素都会产生后固化变形。但已经固化部分对后固化变形有约束作用，减缓了后固化变形。

3.3.2 常用的材料

1. 塑料

塑料也称为树脂，由于可以自由改变形体样式，使用非常方便，已逐渐成为各种生产制造中最为常见的合成高分子化合物。塑料通常是以单体为原料，通过加聚或缩聚反应聚合而成的。

在 3D 打印中，最常使用的塑料材料是 ABS 和 PLA。

（1）材料特性：强度较高、细节中、表面光滑度中、抗腐蚀性好、柔韧性中。

（2）主要用途：机械制造、模型设计、教育医疗、服装艺术等。

2. 光敏树脂

光敏树脂，俗称紫外线固化无影胶，或 UV 树脂（胶），主要由聚合物单体与预聚体组成，其中加有光（紫外光）引发剂，或称为光敏剂。在一定波长的紫外光（250～300 nm）照射下便会立刻引起聚合反应，完成固态化转换。

在正常情况下，光敏树脂一般以液态来保存，常用于制作高强度、耐高温、防水等的材料。随着 SLA 技术的出现，该材料开始被用于 3D 打印领域。由于通过紫外线光照便可固化，可以通过激光器成形，也可以通过投影直接逐层成型，因此，采用光敏树脂作为原材料的 3D 打印机普遍具备成型速度快、打印时间短等优点，图 3-7 为光敏树脂材料模型。

图 3-7　光敏树脂材料模型

(1) 材料特性：强度低、细节高、表面光滑度高、抗腐蚀性中、柔韧性差。

(2) 主要用途：珠宝首饰、模型设计、机械制造等。

3. 金属材料

(1) 铁合金

铁合金是人类所发现的最为重要的结构金属之一，铁合金以其超高的强度、良好的耐蚀性以及耐高温等特点而被广泛用于各个领域。目前，基本上世界上所有具备实力的国家都将铁合金材料作为非常重要的研究方向，对其投入大量研发力量和资金，使得这项出现不久的新材料迅速得到了巨大的发展和应用。

正由于铁合金的高硬度，导致通过传统工艺进行切削加工特别困难，但这也只是难于切削加工的原因之一，关键还在于铁合金本身的化学、物理、力学性能间的综合影响，使得目前的铁合金加工处理工艺非常复杂。目前，结构铁合金正向高强度、高可塑性、高韧性、高模量和高损伤容限方向发展。

① 材料特性：质量轻、强度高、细节好、抗腐蚀性好、机械性能好。

② 主要用途：航空航天、医疗生物、高端制造等。

(2) 钢铁

钢铁粉末主要是指直径小于 0.5 mm 的铁颗粒集合体，颜色呈黑色，是粉末冶金的主要原材料。按粉末粒度来分，一般分为粗粉、中等粉、细粉、微细粉和超细粉五个等级。其中，粒度在 150～500 μm 范围内的颗粒组成的铁粉称为粗粉，44～150 μm 的为中等粉，10～44 μm 的为细粉，0.5～10 μm 的为极细粉，小于 0.5 μm 的为超细粉。从目前工艺水平来说，一般能通过 325 目标准筛的粉末称为亚筛粉(即粒度小于 44 μm 的粉末)，但要想进行更高精度的筛分则只能用气流分级设备，但对于一些易氧化的铁粉则只能用 JZDF 氮气保护分级机来实现，这些也导致了不同等级的铁粉价格上的巨大差距。

铁粉作为当前粉末冶金工业中一种最重要的金属粉末，在工业冶金生产中用量最大，耗用量约占所有金属粉末总消耗量的85%。主要用于制造各种机械零件和工业器具，这些应用约占铁粉总产量的80%。

① 材料特性：强度高、细节一般、表面光滑度较高、抗腐蚀性好、柔韧性差。

② 主要用途：工业制造、模型设计、建筑等。

(3) 铝合金

铝合金需经过制粉、压实、脱气、烧结热压等处理工艺流程，最后再通过塑性变形加工等方法制成。

对于一些不能用传统冶金工艺制取的铝合金却能通过粉末冶金工艺获得，并且几乎每个PM铝合金的物理、化学性能和力学性能都比相似成分IM铝合金的高，因此粉末冶金方法已逐渐成为发展新型铝合金材料的重要途径之一，一些工业发达国家都投入了大量科研力量和资金用于发展粉末冶炼铝合金。当前存在的主要问题是，因为粉末冶金工艺包括制粉、脱气和压实工序，工艺比较复杂，因此生产成本比较高，阻碍了其大规模生产和广泛应用。铝合金粉末在3D打印领域的使用和铁合金、钢铁粉末非常相似，主要被用于激光烧结SLS设备。

① 材料特性：强度高、细节好、表面光滑度中、抗腐蚀性好、柔韧性差。

② 主要用途：工业制造、模型设计、建筑等。

(4) 金银

随着人们生活水平的提高和社会的进步，人们对个性化饰品的要求越来越高。传统加工方法普遍使用的是“减材制作”，整个加工过程会产生大量原材料的浪费，当加工材料为贵重金属(如金、银)时，该浪费产生的成本将是巨大的。同时，贵重金属的加工往往对工艺的复杂性也会有非常高的要求，这又进一步加大了传统加工方法的成本。

目前，国际上在该领域也出现了比较成熟的解决案例，Suuz是一家位于荷兰的3D打印公司，通过借助最新的3D打印技术和交互式设计模式，首次实现了基于电子平台的贵金属首饰个性化定制服务，人们所需要的首饰设计及定制工作全部都可以在Suuz的官方网站上实现。

① 材料特性：强度高、细节好、表面光滑度高、抗腐蚀性好、机械性能中。

② 主要用途：珠宝首饰、工艺美术、高端制造等。

4. 其他材料

在所有3D打印原材料中，最让人感到神奇的非“生物墨水”莫属，因为使用这些作为原材料的设备甚至能直接打印出需要的人体细胞和器官。那时，外科医生在进行器官移植的时候将不再需要花费漫长的时间等待合适的器官，只需要轻松按下按钮，3D 生物打印机就可以“制造”出需要的器官。

澳大利亚 Invetech 公司和美国 Organova 公司合作研制出了全球首台商业化 3D 生物打印机，目前这台 3D 打印机已能实现静脉的打印制造，虽然距离制造心脏等大型脏器还有很长的路要走，但这已经足够让整个医疗行业兴奋不已。生物打印机主要使用一些特殊的材料，其中包括人体细胞制作的生物墨水，以及同样特别的生物纸。当开始打印时，打印机的打印喷头按计算机上位软件计算好的打印轨迹将生物墨水用特定方式喷洒到生物纸上，通过层层累加形成最终需要的器官。

3.4　3D 建模

3.4.1　认识 3D 建模

3D 建模是计算机图形图像的核心技术之一，应用领域非常广泛。医疗行业使用生物器官的 3D 模型仿真手术解剖或辅助治疗；电影娱乐业使用 3D 模型实现人物和动物的动画和动态模拟；网络游戏行业使用 3D 模型作为视频游戏素材资源；化工或材料工程师利用 3D 模型来表征新型合成化合物结构与性能关系；建筑行业使用 3D 建筑模型来验证建筑物和景观设计的空间合理性和美学视觉效果；地理学家已开始构建 3D 地质模型作为地理信息标准。

制造业是 3D 建模技术的最大用户，利用 3D 模型可以为产品建立数字样机进行产品性能分析和验证，并实现数字化制造。数字化制造包括增材（3D 打印）和减材（CNC）制造，3D 模型是 CAD/CAM 的数据源。学习和掌握 3D 打印建模技术关系到 3D 打印机用户能否将个人头脑中（或图纸）的创意想法数字化，并被打印机的控制软件所读取，最终完成自己设计作品的打印。所以本章重点讨论如何应用流行的 3D 建模工具为 3D 打印机提供可打印的数据。

1. 3D 建模基础知识

客观世界中的物体都是三维的，真实地描述和显示客观世界中的三维物体是计算机图形学研究的重要内容。如果我们能使用特定的数据格式来描述三维物体（从几何角度可称为三维形体），它就能被计算机所理解和存储。所谓 3D 建模就是用计算机系统来表示、控制、分析和输出描述三维物体的几何信息和拓扑信息，最后经过数据格式转换输出可打印的数据文件。

三维模型用点在三维空间的集合表示，由各种几何元素，如三角形、线、面等连接的已知数据（点和其他信息）的集合。3D 建模实际上是对产品进行数字化描述和定义的一个过程。产品的 3D 建模有三种主要途径：

第一种是根据设计者的数据、草图、照片、工程图纸等信息在计算机上人工构建三维模型，常被称为正向设计。

第二种是对已有产品（样品或模型）进行三维扫描或自动测量，再由计算机生成三维模型。这是一种自动化的建模方式，常被称为逆向工程或反求设计。两种建模途径如图 3-8 所示。

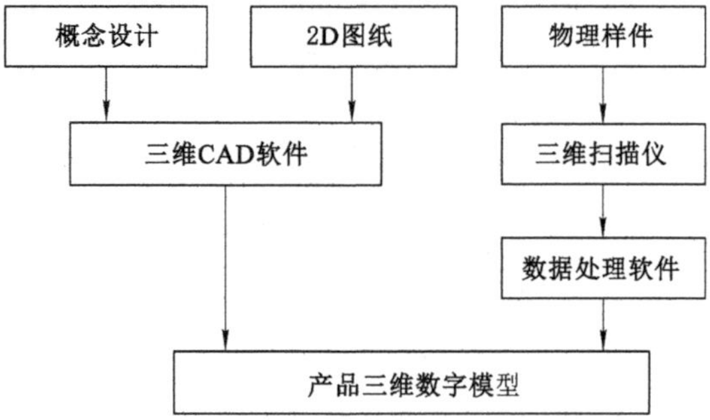

图 3-8 正向和逆向三维建模

第三种是以建立的专用算法（过程建模）生成模型，主要针对不规则几何形体及自然景物的建模，用分形几何描述（通常以一个过程和相应的控制参数描述）。例如，用一些控制参数和一个生成规则描述的植物模型，通常生成模型的存在形式是一个数据文件和一段代码（动态表示），包括随机插值模型、迭代函数系统、粒子系统、动力系统等。三维建模过程也称为几何造型，几何造型就是用一套专门的数据结构来描述产品几何形体，供计算机进行识别和信息处理。几何造型的主要内容是：① 形体输入，即把形体从用户格式转换成计算机内部格式；② 形体数据的存储和管理；③ 形体控制，如对几何形体进行平移、缩放、旋转等几何变换；④ 形体修改，如应用集合运算、欧拉运算、有理样条等操作实现对形体局部或整体修改；⑤ 形体分析，如形体的容差分析、物质特性分析、曲率半径分析等；⑥ 形体显示，如消隐、光照、颜色的控制等；⑦ 建立形体的属性及其有关参数的结构化数据库。

在计算机内部，模型的数学表示基于点、线、面。点表示三维物体表面的采样点，线表示点之间的连接关系，面表示以物体表面离散片体逼近或近似真实表面。点、线、面的集合就构成了形体。形体有两大几何属性需要进行数字化定义：一是产品形体的几何信息，即点、线、面几何元素在欧氏空间中的数量和大小度量；另一个是拓扑信息，即用来表示几何元素之间的连接关系的信息。

这里要注意，平时经常讲的图形实际上是三维模型的一个具体可见的图像，是人们所看到的模型的表征,不能把图形与图像混为一谈。在三维空间,描述的是几何形体和几何曲面图像,只有在平面上,它才是人们通常所称的图形。

2. 3D模型的计算机表示

人们希望能够有一种统一的方法来处理几何形状。但目前的情况是,对于处理平面和简单曲面组合成的三维规则几何形状和像汽车车身那样的复杂形状分别采用不同的处理方法。前者称为实体模型,后者称为曲线/曲面模型,将两者组合起来就可制作出各种各样产品的几何模型。可用于三维打印的3D模型可分为以下两大类:

(1) 实体模型。这种模型用来定义具有体积或质量性质的物体(如汽车的零件、人造骨)。实体模型主要用于工业制造和建筑业,用于需要表示内外几何结构、装配和加工、非可视化或可视化的数值模拟仿真,以及部分需要可视化渲染的场合。

(2) 面体模型。此类模型定义设计对象的表面或边界。面体模型像一个无限薄的壳,没有体积和质量,就像鸡蛋可以看作一个实体,但蛋壳可以看作是一个椭球面体模型,从视觉感知上用蛋壳也可以表示鸡蛋。稍复杂些的曲面模型可能是由多个曲面拼接而成的。从技术上看在计算机内部这类模型比实体模型容易实现,所以几乎所有游戏和电影中使用的三维模型都是面体模型。简单的曲面模型可直接用数学曲面公式建立,复杂而精确的自由曲面需要使用参数化的样条拟合方式构建,复杂而精确度不高的可以采用多边形网格方式建模。

三维模型的应用场合不同,采用的建模技术不同。需要精确配合的场合,如机器零件,要用实体模型和曲面模型;不需要精确配合的场合,如游戏、动漫等环境中,可能只需要满足光照处理、纹理映射等视觉效果,往往采用多边形网格模型来近似表示物体,模型的精度由多边形网格的数量决定。

实体模型:① 主要关注模型的结构、几何精度、性能属性,美学方面仅是兼顾;② 模型的几何尺寸可以参数化关联;③ 所有几何特征可以以树状结构呈现,设计历史可回溯;④ 具备物理属性,可以实现功能、性能仿真(如有限元分析)。

曲面和多边形网格模型:① 主要关注模型外形、美学和人机工学,模型精度不是主要问题;② 从点、线、面开始构建,无物理属性;③ 常用逆向工程依靠3D扫描数据构建;④ 需要和实体模型混合使用。

3.4.2 3D建模软件

随着计算机技术的快速发展,工业设计的计算机化达到了相当高的水平。通过计算机进行数据分析、建立模型、导入生产系统等,在人类生活和生产的重要环节中产生了越来越广泛的影响，并由此引发的新思想正逐渐渗透于工业设计学科领域中。

计算机辅助产品设计是指以计算机软、硬件为依托，设计师在设计过程中凭借计算机参与新产品研制开发的一种新型的现代化设计方式，它以提高效率、增强设计的科学性与可靠性、适应信息化社会的生产方式为目的。在产品设计的计算机表达中，主要倾向于对产品的形态、色彩、材料等设计要素的模拟，这是当今社会起主导作用的设计方式。

随着计算机技术的进步及设计人员的参与，计算机已经成为当今设计领域发生变化的最为重要的标志，无论在设计观念上还是在设计方法及程序上都为设计带来了全新的理念，全面地影响着设计领域内的各个方面。当然，作为高技术、低智能的计算机，在设计思维的表达方面有一定的局限性，在设计中只能作为“辅助”工具被设计师应用。

传统的设计方法是通过二维表达后，再制作成实体模型，然后根据模型的效果进行改进，再制作成工程图用于生产，这样从二维表达到制作模型的过程当中，人为的误差是相当大的，在绘制工程图纸时设计师对优化方面的考虑需要通过详尽的计算和分析才能做出正确的判别，有时候往往因难而退。而计算机辅助设计的介入，使我们真正地实现了三维立体化设计，产品的任何细节在计算机中都能详尽地展现在设计师的面前，并能在任意角度和位置进行调整，在形态、色彩、肌理、比例、尺度等方面都可以做适时的变动。在生产前的设计绘图中，计算机可以针对所建立的三维模型进行优化结构设计，大大地节省了设计的时间和精力，而且更准确。

3D 打印是全新的领域，同样 3D 设计的领域也非常广泛，主要有建模、渲染、动画等多个方面。目前 3D 设计主要还是依靠传统的三维设计软件进行。随着 3D 打印技术的发展，人们认识到传统的 3D 设计软件不能完全满足 3D 打印的需要，因此，针对 3D 打印的三维设计软件应运而生。以下将主要介绍现在广泛推荐的开源或免费软件以及广泛应用的著名商业软件及新近推出的有关 3D 建模的软件。

1. Autodesk 123D

很多人对欧特克公司并不陌生，在计算机辅助设计领域该公司开发了很多商业设计软件（如 AutoCAD）。欧特克公司针对 3D 打印发布了一套相当神奇的三维建模软件 Autodesk 123D，有了它，你只需要简单地为物体拍摄几张照片，它就能轻松自动地生成 3D 模型。不需复杂的专业知识，任何人都能从身边的环境迅速、轻松地捕捉三维模型，制作成影片上传，甚至，你还能将自己的 3D 模型制作成实物艺术品。更让人意外的是，Autodesk 123D 还是完全免费的，让我们能很容易接触和使用它。它拥有 Autodesk 123D、Autodesk 123D Catch、Autodesk 123D Make 和 Autodesk 123D Sculpt 等几款工具。

Autodesk 123D 是一款免费的 3D CAD 工具，可以使用一些简单的图形来设计、创建、编辑三维模型，或者在一个已有的模型上进行修改，可以看作是一款三维版的 Photoshop。

Autodesk 123D Catch 利用云计算的强大能力，可将数码照片迅速转换为逼真的三维模型。只要使用傻瓜相机、手机或高级数码单反相机抓拍物体、人物或场景，人人都能利用 Autodesk 123D Catch 将照片转换成生动鲜活的三维模型。通过该应用程序，使用者还可在三维环境中轻松捕捉自身的头像或度假场景。同时，此款应用程序还带有内置共享功能，可供用户在移动设备及社交媒体上共享短片和动画。

当制作好 3D 模型之后，就可以利用 Autodesk 123D Make 来将它们制作成实物了。它能够将数字三维模型转换为二维切割图案，用户可利用硬纸板、木料、布料、金属或塑料等低成本材料将这些图案迅速拼装成实物，从而再现原来的数字化模型。Autodesk 123D Make 可支持用户创作美术、家具、雕塑或其他简单的样机，以便测试设计方案在现实世界中的效果。欧特克公司开发的这项技术能像数字化工程师一样帮助个人用户创建三维模型，并最终将其转化为实物。Autodesk 123D Make 的设计初衷是为了使用户能够发挥创意，让他们能够在量产产品无法满足要求时，自行创建所需的产品。

Autodesk 123D Sculpt 是针对雕塑这一艺术领域开发的。它是一款运行在 iPad 上的应用程序，可以让每一个喜欢创作的人轻松地制作出属于他自己的雕塑模型，并且在这些雕塑模型上绘画。Autodesk 123D Sculpt 内置了许多基本形状和物品，例如圆形和方形、人的头部模型、汽车、小狗、恐龙、蜥蜴、飞机等。

使用软件内置的造型工具，要比道具雕凿来得快多了。通过拉升、推挤、扁平、凸起等操作，Autodesk 123D Sculpt 里的初级模型很快拥有极具个性的外形。接下来，通过工具栏最下方的颜色及贴图工具处理，模型就不再是单调的石膏灰色了。另外，模型所处背景也是可以更换的。它可以将充满想象力的作品带到一个全新的三维领域。可以将在 SketchBook 中创作的作品作为材质图案，把它印在三维物体表面上。

2. Blender

随着开源运动的不断发展，Blender 这款免费软件越来越受到欢迎，它拥有自己的粉丝群和专门的在线社区，在这里用户大量分享这款软件中许多工具的使用经验。尽管 Blender 并不是一款一用就能上手的软件，但根据调查，Blender 是当前最为流行的 3D 建模软件之一。Blender 是一个 GNU（注：GNU 是一个类似 Unix 且为自由软件的完整的操作系统。因 GNU 的内核尚未完成，所以 GNU 使用 Linux 作为其内核）的 3D 绘图软件，建模、算图、动画等功能都相当完整，可以说已经具有了一般商业软件的规模。

Blender 的程序相当精简，也没有太多的图示，档案的体积缩得非常小，但并没有被缩减掉必要的功能。从各方面的工作性能来判断，Blender 具有作为一线 3D 绘图/动画软件的能力，特别是由于免费以及使用系统资源少（跑起来的速度比一般的平面绘图软件还要快许多）的关系，相当适合个人使用。Blender 大部分的功能都有热键，操作起来相当快捷；而由于几乎所有的功能按钮在鼠标移上去一段时间都会出现详细说明，或多或少弥补了操作方式和一般软件不太相同，让人摸不着头绪的问题。Blender 的另一个特点是在设计上相当地注意小细节，例如所有的调节拉杆都可以手动输入数值，可以局部修改一些在一般软件中隐藏的参数，甚至对个别对象做出不同的画图设定等。Blender 并没有大部分主流软件那么多的套装功能，但是如果能够确实了解每个参数的用途的话，是可以做出相当多样化的效果的。Blender 的建模以 mesh/polygon 为主，另外也包括各种曲线、NURBS 以及 meatball 编辑的能力。之前用它画好 3D 模型之后，往往需要借助其他软件来将模型调试成适合 3D 打印的 STL 文件。而现在 2.67 版本的 Blender 增添了很多与 3D 打印相关的计算和显像功能，让使用 Blender 制作 3D 打印模型方便不少。Blender 软件界面如图 3-9 所示。

图 3-9　Blender 软件界面

目前,Blender V2.67 的 3D 打印工具箱有以下几个功能:

(1) 统计功能。统计用户制作的 3D 网格的体积(默认以立方厘米为单位,是 3D 打印常用的单位);统计用户制作的 3D 网格的总面积(默认以平方厘米为单位)。

(2) 检查功能。可检查网格模型是否是无缝的,是否有重叠或交错的面,是否有无棱无面的点存在,是否有扭曲的面,这些问题都可能在 3D 打印时造成麻烦。通常 3D 打印机都受限于一个最小壁厚值,因此模型太薄或太尖锐的部位打印机会直接忽略掉。有了这个功能,用户就不用担心明明画好的部位在打印时却莫名其妙地消失了。在没有支撑材料的情况下,打印模型的悬垂角度是有限制的,超过限制,模型在打印过程中就会垮塌。虽然根据材料和打印机性质的不同,这个限制角度也会有所不同,但不超过 45°(45°是一个比较安全的默认值)。

3. Sketch Up

Sketch Up 是一个极受欢迎并且易于使用的 3D 设计软件,官方网站将它比喻成电子设计中的“铅笔”。它的主要卖点就是使用简便,人人都可以快速上手。尽管如此,根据 Materialize 公布的最流行的 3D 建模软件排名,许多人会惊讶地看到,Sketch Up 软件屈居第二,落后于 Blender。Sketch Up 这款软件拥有非常友好的用户界面,十分适合初学者,而且它在专业人员中的应用也很广泛,并在学校或者学生中间非常流行。Sketch Up 最初是由 Last Software 于 2000 年开发的,谷歌公司于 2006 年将其收至麾下,2012 年 Sketch Up 被出售给天宝公司。

许多人把 Sketch Up 作为他们学习 3D 建模的入门软件,还有很多人使用它的高级应用,其用途之一就包括 3D 打印。

天宝公司接手后仍然提供免费版本的 Sketch Up,但现在它的名字叫作 Sketch Up Make。天宝公司还推出了被称为 Sketch Up Pro 的付费版本,如图 3-10 所示。现在每年都推出新版本,并增加新的功能。

如果要用于 3D 打印,就要使用 Sketch Up Pro,因为它集成了 3D 打印功能,比如用于 3D 打印模型的实体建模技术。如果使用其免费版本 Sketch Up Make,天宝公司会提供一个 Sketch Up 扩展,可以导出 STL 文件,然后可以用于 3D 打印。这个扩展用起来可能有点麻烦,但它确实有用。

4. 3DTin

3DTin 是一款使用 WebGL 技术开发的 3D 建模工具,是第一款可以在浏览器中完成三维建模的工具。用户可以在浏览器中创建自己的 3D 模型,模型可以保存在云端或者导出为标准的 3D 文件格式,例如.obj 文件或 Collada 文件。

图 3-10 Sketch Up Pro 软件界面

3DTin 可以让大家更加随意地创建任何模型，因为它非常容易使用。

3DTin 的一项重要功能是直接将 3DTin 模型输出为 i. materialise 格式，确保 STL 格式的模型在导出时能够保留色彩信息，因为大部分 3DTin 用户更偏爱彩色模型。将 3DTin 模型导出的方法为：① 完成 3DTin 模型后，按“导出”按钮；② 选择 i. materialise 格式，按“导出”按钮；③ 几秒钟后，模型的导出就完成了，可以按“继续”按钮；④ 3DTin 模型被发送到“三维打印实验室”，如果需要的话，可以在此轻松地修改模型的尺寸或者选择复制品的数量。默认情况下，多重色彩是被选中的，因为这是 3DTin 的首要材质。当预定好后，就可以随时随地以优惠的价格获得一款高质量的三维打印模型。

5. 3ds Max

3ds Max 大家比较熟悉，是最大众化的且应用广泛的设计软件，它是当前世界上销售量最大的三维建模、动画及渲染解决方案，广泛应用于视觉效果、角色动画及游戏开发领域。它是欧特克公司开发的三维建模、渲染及动画软件，在众多的设计软件中，3ds Max 是人们的首选，因为它对硬件的要求不太高，能稳定运行在 Windows 操作系统上，容易掌握，且国内外的参考书最多。

3ds Max 在产品设计中，不但可以做出真实的效果，而且可以模拟出产品使用时工作状态的动画，既直观又方便。3ds Max 有三种建模方法：Mesh（网格）建模、Pacth（面片）建模和 Nurbs 建模。我们最常使用的是 Mesh 建模，它可以生成各种形态，但对物体的倒角效果却不理想。

3ds Max 的渲染功能也很强大，而且还可以连接外挂渲染器，能够渲染出很真实的效果，甚至现实生活中看不到的效果。还有就是它的动画功能，也是相当不错的。

6. SolidWorks

SolidWorks是著名的三维CAD软件开发供应商SolidWorks公司发布的领先市场的3D机械设计软件，也是国内使用最多的三维CAD软件。SolidWorks是基于Windows平台的全参数化特征造型软件，它可十分方便地实现复杂的三维零件实体造型、复杂装配和生成工程图。该软件可以应用于以规则几何形体为主的机械产品设计及生产准备工作中。SolidWorks释放了设计师和工程师的创造力，使他们只需花费同类软件所需时间的一小部分即可设计出更好、更有吸引力、在市场上更受欢迎的产品。

SolidWorks软件功能强大，组件繁多。功能强大、易学易用和技术创新是SolidWorks的一大特点，使得SolidWorks成为领先的、主流的三维CAD解决方案。SolidWorks能够提供不同的设计方案、减少设计过程中的错误以及提高产品质量。

SolidWorks公司为达索公司的子公司，专门研发和销售机械设计软件的视窗产品。达索公司是系统性软件供应商，并为制造厂商提供具有Internet整合能力的支援服务。该集团提供涵盖整个产品生命周期的系统，包括设计、工程、制造和产品数据管理等各个领域中的最佳软件系统，著名的CATIA V5就出自该公司之手，目前达索的CAD产品市场占有率居世界前列。

7. Pro/E

Pro/E是Pro/Engineer的缩写，是较早进入国内市场的三维设计软件，它是由美国PTC (Parametric Technology Corporation)公司开发的唯一的一整套机械设计自动化软件产品，它以参数化和基于特征建模的技术，提供给设计师一种革命性的方法去实现机械设计自动化。它由一个产品系列模块组成，专门应用于产品从设计到制造的全过程。Pro/E的参数化和基于特征建模的能力给工程师和设计师提供了空前容易和灵活的环境。Pro/E的唯一数据结构提供了所有工程项目之间的集成，使整个产品从设计到制造紧密地联系在一起。

Pro/E可以随时由三维模型生成二维工程图，自动标注尺寸，由于其具有关联的特性，并采用单一的数据库，因此修改任何尺寸，工程图、装配图都会相应地变动。

Pro/E第一个提出了参数化设计的概念，并且采用了单一数据库来解决特征的相关性问题。另外，它采用模块化方式，用户可以根据自身的需要进行选择，而不必安装所有模块。Pro/E的基于特征方式，能够将设计至生产过程集成到一起，实现并行工程的设计。它不但可以应用于工作站，而且也可以应用于单机上。

Pro/E采用了模块方式，可以分别进行草图绘制、零件制作、装配设计、钣金设计、加工处理等，保证用户可以按照自己的需要进行选择使用。

(1) 参数化设计。相对于产品而言，我们可以把它看成几何模型，而无论多么复杂的几何模型，都可以分解成有限数量的构成特征，而每一种构成特征，都可以用有限的参数完全约束，这就是参数化的基本概念。

(2) 基于特征建模。Pro/E 是基于特征的实体模型化系统，工程设计人员采用具有智能特征的功能去生成模型，如腔、壳、倒角及圆角，可以随意勾画草图，轻易改变模型。这一功能特性给工程设计者提供了从未有过的简易和灵活。

(3) 单一数据库(全相关)。Pro/E 建立在统一基层的数据库上，不像一些传统的 CAD/CAM 系统建立在多个数据库上。所谓单一数据库，就是工程中的资料全部来自一个库，使得每一个独立用户在为同一件产品造型而工作，不管他是哪一个部门的。换而言之，在整个设计过程的任何一处发生改动，亦可以前后反应在整个设计过程的相关环节。例如，一旦工程详图有改变，NC(数控)工具路径也会自动更新；组装工程图如有任何变动，也完全相同地反映在整个三维模型上。这种独特的数据结构与工程设计完整的结合，使得一件产品的设计极其方便快捷。这一优点，使得设计更优化，成品质量更高，产品能更好地推向市场，价格也更便宜。

8. UG (Unigraphics)

UG 是 Unigraphics Solutions 公司推出的集 CAD/CAE/CAM 为一体的三维机械设计平台，也是当今世界最先进的计算机辅助设计、分析和制造软件之一，广泛应用于航空航天、汽车、造船等领域。UG 是一个交互式的计算机辅助设计(CAD)、计算机辅助工程(CAE)和计算机辅助制造(CAM)系统。它具备了当今机械加工领域所需的大多数工程设计和制图功能。UG 是一个全三维、双精度的制造系统，使用户能够比较精确地描述任何几何形体，通过对这些形体的组合，就可以对产品进行设计、分析和制图。

UG 可以为机械设计、模具设计以及电器设计提供一套完整的设计、分析、制造方案，它提供了包括特征造型、曲面造型、实体造型在内的多种造型方法，同时提供了自顶向下和自下向上的装配设计方法，也为产品设计效果图输出提供了强大的渲染、材质、纹理、动画、背景、可视化参数设置等支持。

以上这些是比较常用的 3D 建模软件，对于哪种软件最好，在行业内有很多的争论，用户应根据自己的实际情况选择适合自己的软件。本书主要推荐 AutoCAD 软件，该软件是工程设计领域中应用最为广泛的计算机辅助绘图与设计软件之一，是采矿工程专业和矿物加工工程专业毕业设计的主要使用软件，故在本书的下一章将主要介绍基于 AutoCAD 软件的三维绘图基础。

3.4.3　文件输出

STL(stereo lithography,光固化快速成型)是由 3D Systems 公司为光固化 CAD 软件创建的一种文件格式。同时 STL 也被称为标准镶嵌语(standard tessellation language)。该文件格式被许多的软件支持,并广泛应用于快速成型和计算机辅助制造领域。STL 文件只描述三维对象表面几何图形,不含有任何色彩、纹理或者其他常见 CAD 模型属性的信息。STL 文件支持 ASCII 码和二进制两种类型,其中二进制文件由于简洁而更加常见。

一个 STL 文件通过存储法线和顶点(根据右手法则排序)信息来构成三角形面,从而拟合坐标系中物体的轮廓表面。STL 文件中的坐标值必须是正数,并没有缩放比例信息,但单位可以是任意的。除了对取值有要求外,STL 文件还必须符合以下三维模型描述规范:

(1) 共顶点规则。每相邻的两个三角形只能共享两个顶点,即一个三角形的顶点不能落在相邻的任何一个三角形的边上。

(2) 取向规则。对于每个小三角形平面的法向量必须由内部指向外部,小三角形三个顶点排列的顺序同法向量符合右手法则。每相邻的两个三角形面片所共有的两个顶点在它们的顶点排列中都是不相同的。

(3) 充满规则。在 STL 三维模型的所有表面上必须布满小三角形面片。

(4) 取值规则。每个顶点的坐标值必须是非负的,即 STL 模型必须落在第一象限。

1. STL 文件的 ASCII 码格式

一个以 ASCII 码存储的 STL 文件第一行都是:

Solid name

其中 name 为变量,表示描述对象的名称(如果为空,那在 solid 命令后也需要加上空格)。文件内容接下来为连续的三角形信息,其中单个的描述格式如下:

```
facet normal ni nj nk
  outer oop
    vertex v1x v1y v1z
    vertex v2x v2y v2z
    vertex v3x v3y v3z
  endloop
endfacet
```

代码中每一个 n 或者 v 开头的变量都是以科学表示法描述的浮点数,如

"－2.648000e－002"(注意:其中 v 开头的变量必须为正数)。文件以下面代码结束:

endsolid name

该格式描述的结构存在二义性(例如,面片可能不止 3 个节点),但在实践中,可以将所有的面片都细分为多个简单的三角形。

注意:空格除了在 2 个数字和单词之间,还可被用于其他任何地方。在"facet"和"normal"命令间,或"outer"和"loop"命令间,空格是必需的。

2. STL 文件的二进制格式

由于 ASCII 码的 STL 文件可能会非常庞大,因此二进制格式的 STL 文件便变得很有价值。一个二进制的 STL 文件包含 80 个字符的文件头(可以存储任何内容,但不应以"solid"开始,以避免软件解析时误以为是 ASCII 码文件);文件头后面接着是 4 个字节的无符号整数,用来记录文件中三角面片的数量,接着是循环存储每个三角形的数据信息;在最后一个三角形信息之后是简单的文件结束标志。

每一个三角形都由 12 个 32 位浮点数表示:3 个浮点数表示法线方向,另外 3 个节点每个各用 3 个浮点数来存储 X、Y、Z 轴的坐标值,结构上与 ASCII 码类似。在 12 个浮点数之后是 2 个字节的无符号短整型,作为属性字节计数(attribute byte count),在标准格式下记为 0,因为大部分软件对该字段不进行解析。

```
UINT8[80] - Header
UINT32 - Number of triangles

Foreach triangle
REAL32[3] - Normal vector
REAL32[3] - Vertex 1
REAL32[3] - Vertex 2
REAL32[3] - Vertex 3
UINT16 - Attribute byte count
end
```

3. 二进制 STL 文件中的色彩描述

在二进制 STL 文件中最少有两种方式可用来存储色彩信息:

(1) VisCAM 和 SolidView 软件使用每个三角形之后 2 个字节长的属性字节计数来存储 15 位的 RGB 色彩信息。

① 第 0～4 位:表示蓝色强度级别信息(值为 0 到 31)。

② 第 5～9 位:表示绿色强度级别信息(值为 0 到 31)。

③ 第10～14位：表示红色强度级别信息(值为0到31)。

④ 第15位：取值1表示色彩有效；取值0表示色彩无效。

(2) Materialise Magics软件描述色彩方式有些不同，它采用文件开头80个字节长度中的信息来存储整个物体的色彩信息。当需要给物体增加颜色属性时，在文件头中会存储字符串“COLOR”信息，然后紧接着是4个字节长度的色彩信息，分别表示红、绿、蓝和透明度(取值范围为0～255)。除非单个面片有重新定义，否则该色彩将作为整个物体的颜色。Materialise Magics软件还定义了打印材料以及更多物体表面特征的属性参数。在“COLOR = RGBA”定义之后便可以添加字符串“MATERIAL”，该字符串后面接着是3个色彩信息(长度位3×4bytes)：第一个色彩信息表示材质的漫反射；第二个指定高光；第三个是环境光。在每一个三角形中的2字节色彩信息(attribute byte count)也同样有效，只是定义不同，具体如下：

① 第0～4位：表示红色强度级别信息(值为0到31)。

② 第5～9位：表示绿色强度级别信息(值为0到31)。

③ 第10～14位：表示蓝色强度级别信息(值为0到31)。

④ 第15位：取值0表示色彩有效；取值1表示采用整个对象使用的色彩参数。

红、绿、蓝色彩的信息在两种不同的方案中存储的顺序是相反的，这导致文件中色彩存储的信息很容易被解析错，更麻烦的是许多STL文件解析程序并不能自动区分这两种色彩显示方案。

3.4.4　模型中需要注意的地方

1. 需注意的地方

(1) 物体模型必须是封闭的。也可以通俗地说是“不漏水的”(watertight)。有时要检查出模型是否存在这样的问题有些困难。如果不能够发现此问题，可以借助一些软件，比如3ds Max的STL检测(STLCheck)功能、Meshmixer的自动检测边界功能。一些模型修复软件也是能做的，比如Magics、Netfabb等。

(2) 物体需要厚度。在各类软件中，曲面都是理想的，没有壁厚，但在现实中没有壁厚的东西是不存在的，所以在建模时不能简单地由几个曲面围成一个不封闭的模型。

(3) 物体模型必须为流形。流形的完整定义请参考数学定义。简单来看，如果一个网格数据中存在多个面共享一条边，那么它就是非流形的。

(4) 正确的法线方向。模型中所有的面法线需要指向一个正确的方向。如果模型中包含了错误的法线方向，打印机就不能判断出是模型的内部还是外部。

(5) 物体模型的最大尺寸。物体模型最大尺寸根据3D打印机可打印的最大尺寸而定。当模型超过打印机的最大尺寸时,模型就不能完整地被打印出来。在Cura软件中,当模型的尺寸超过了设置机器的尺寸,模型就显示灰色。如果要建大尺寸模型时,则需要考虑模型打印出来组装拼合是否方便的问题。

(6) 物体模型的最小厚度。打印机的喷嘴直径是一定的,打印模型的壁厚应考虑打印机能打印的最小壁厚,不然,会出现失败或者错误的模型。一般最小厚度为2 mm,根据不同的3D打印机而有所变化。

(7) 45°法则。任何超过45°的突出物都需要额外的支撑材料或是高明的建模技巧来完成模型打印,而3D打印的支撑结构比较难做。添加支撑又耗费材料,又难处理,而且处理之后会破坏模型的美观。因此,建模时尽量避免需要加支撑。

(8) 设计打印底座。用于3D打印的模型最好底面是平坦的,这样既能增加模型的稳定性,又不需要增加支撑。可以直接用平面截取底座获得平坦的底面,或者添加个性化的底座。

(9) 预留容差度。对于需要组合的模型,我们要特别注意预留容差度。要找到正确的容差度可能会有些困难,一般解决办法是在需要紧密接合的地方预留0.8 mm的宽度,给较宽松的地方预留1.5 mm的宽度。但是这并不是绝对的,还得深入了解打印机性能。

(10) 多余的几何形状需要删掉。如果建模时的一些参考点、线或面,还包括一些隐藏的几何形状,在建模完成时没有删掉,则需要删掉多余的几何形状。

(11) 删掉重复的面片。建模时两个面叠加在一起就会产生重复的面片,需要删去重复的面片。

(12) 体块和体块间要进行布尔运算。

2. 纠错软件

(1) NetFabb。如图3-11所示,该免费软件可以编辑STL文件。它可以用来打开STL文件并显示模型中存在的一些错误信息。其中包含的针对STL文件的基本功能有分析、缩放、测量、修复。

(2) Magics。可以按照想象的效果来精确修复和操作STL文件。在众多本地应用程序中,有效修复STL文件或模型问题,使用Magics是相当有效率的。许多需要本地应用程序处理的任务可以在Magics上更快地实现。这个程序主要被使用光固化机(SLA)的工程师所采用,他们已经开始整合一些很有意思的建议,来帮助修复建筑文件中出现的问题,如“收缩表皮”问题。Magics可以修复漏孔和坏边,联合两个布尔型的固体,倒置三角形的法线,创建壳结构。虽然应用程序很优秀,但是想变得高效仍然需要一个渐进的学习过程。

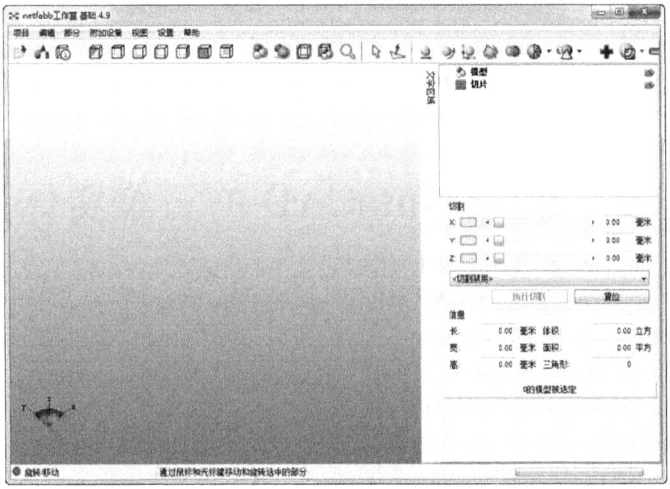

图 3-11　NetFabb 界面

因为 3D 打印设计模型与“传统的”数字媒体制作的模型有许多的不同之处，如果在制作模型时记住这些限制约束，那么设计的模型将能在 3D 打印机的帮助下完美地展示出来。

第 4 章　基于 AutoCAD 的三维实体造型

AutoCAD 软件自 1982 年问世以来，经过多次升级，功能日趋完善。目前，它已成为工程设计领域中应用最为广泛的计算机辅助绘图与设计软件之一。AutoCAD 具有强大的绘图功能，能够绘制二维及三维图形、进行图形标注、渲染图形及打印输出图纸等，另外它还具有数据库管理、二次开发的功能。目前该软件已经广泛应用于机械、电子、建筑、矿产、冶金、地质等各个行业。本章主要介绍 AutoCAD 基本的三维绘图命令及其修改方法。通过本章的学习，应掌握以下内容：

① 三维绘图基本知识；

② 创建用户自定义的 UCS 的方法；

③ 绘制三维实体基本形状的方法；

④ 创建拉伸实体的方法；

⑤ 绘制旋转实体的方法；

⑥ 创建复杂实体的方法；

⑦ 创建光源和场景的方法；

⑧ 使用材质、背景和灯光渲染图形的方法。

4.1　三维绘图基础

使用 AutoCAD 三维建模，可以创建出线框模型、表面模型、实体模型。在创建三维实体之前了解三维建模的工作空间和三维坐标系，特别是如何创建三维用户坐标系，将有助于提高绘图效率，也是创建三维实体图的基础。

4.1.1　工作空间

工作空间是工具栏、菜单和可固定窗口（选项板，包括面板和命令窗口）的配置。用户可以创建自己的工作空间，以便快速地从一种配置切换到另一种配置。

AutoCAD 默认的工作空间有三种：AutoCAD 经典、二维草图与注释和三维建模。创建工作空间最简单的方法是用户按照自己的意愿显示工具栏、菜单栏和选项板，然后从工作空间工具栏的下拉列表中选择“将当前工作空间另存为”选项。

如图 4-1 所示为 AutoCAD 2017 的三维建模工作空间。

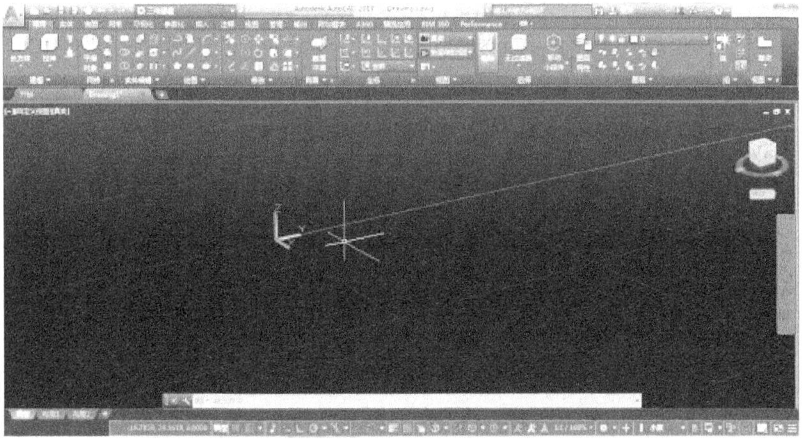

图 4-1　AutoCAD 2017 三维建模空间

该三维工作空间中常用的三维绘图工具栏有“建模”工具栏、“实体编辑”工具栏、“绘图”工具栏、“修改”工具栏、“视图”工具栏等。

4.1.2　三维世界坐标系

AutoCAD 采用世界坐标系（word coordinate system，简称 WCS）和用户坐标系（user coordinate system，简称 UCS）。系统默认的坐标系为 WCS，它是一种固定的坐标系，即原点和坐标轴的方向固定不变。三维坐标和二维坐标基本相同，只不过是多了一个三维坐标即 Z 轴。在三维空间创建对象时，可以使用笛卡儿坐标系、柱坐标系、球坐标系定位点。

这里只介绍最常用的笛卡儿坐标系。笛卡儿坐标系通过使用 X、Y、Z 值来确定点。与输入二维坐标系类似，需要依次在命令行中指定：X、Y、Z 的值。输入绝对坐标的格式为 X、Y、Z，输入相对坐标的格式为@X、Y、Z。

4.1.3　三维用户坐标系

三维用户坐标系是绘制三维图形的重要工具。在实际操作过程中，用户可以根据个人习惯对坐标系进行改动，以方便操作并适合绘图的需要。通过指定新的原点即可创建 UCS。

【例 4-1】　在长方体表面上创建用户自定义的坐标系。

菜单:"工具"→"新建 UCS"→"原点"。

键盘:UCS。

图例:如图 4-2 所示。

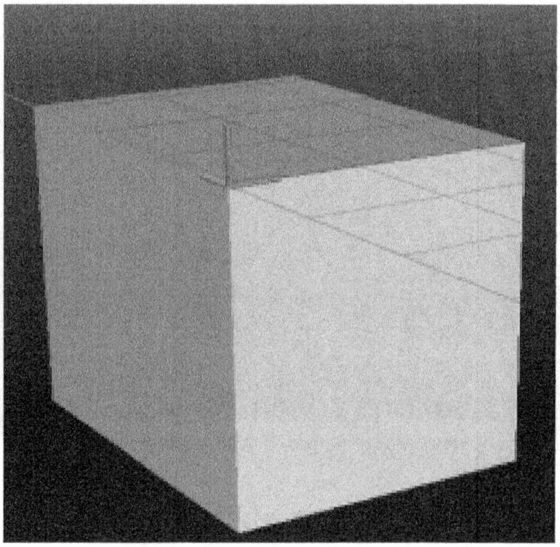

图 4-2　创建用户坐标系

操作提示:

• 执行级联菜单、工具按钮、键盘输入的命令选项后,可直接用鼠标拾取长方体表面上要创建的用户坐标系原点。

• AutoCAD 三维建模环境中,UCS 工具栏如图 4-3 所示。

• 通过以上执行命令的方式及不同命令选项的选择操作,可以很灵活地创建用户所需的用户坐标系。

• 如果要恢复系统默认的世界坐标系,可以执行"工具"→"新建 UCS"→"世界"命令完成,也可通过键盘输入 UCS 命令后直接回车完成。

4.1.4　用户坐标系绘图实例

AutoCAD 中用户自定义坐标系在实际三维建模应用中非常重要,因为大部分的三维绘图都是从创建二维图形开始的,而二维绘图命令只能在 XY 平面或平行于 XY 的平面上绘制图形。如果想在任意角度的平面内绘制二维对象,就需要重新定义平面,方法是改变用户坐标系(UCS)进而改变 XY 平面的定义。读者可通过下面实例的绘制去体会。

【例 4-2】　利用 UCS 完成图 4-4 的绘制。

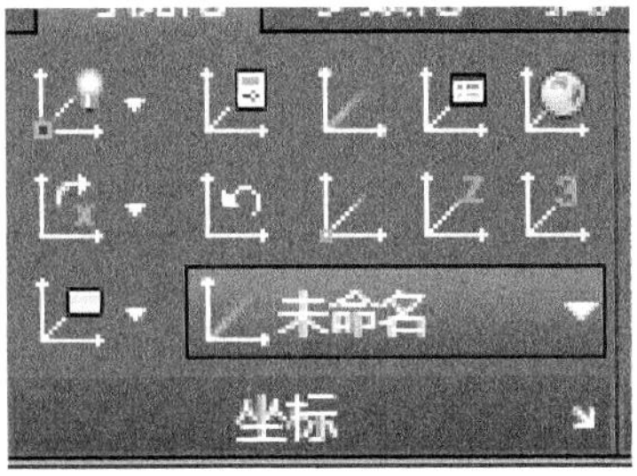

图 4-3　UCS 工具栏

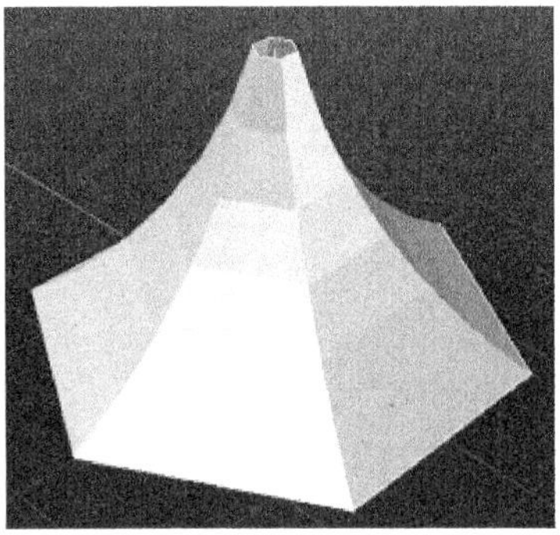

图 4-4　利用 UCS 绘图图例

1. 绘制平面六边形

图例：如图 4-5 所示。

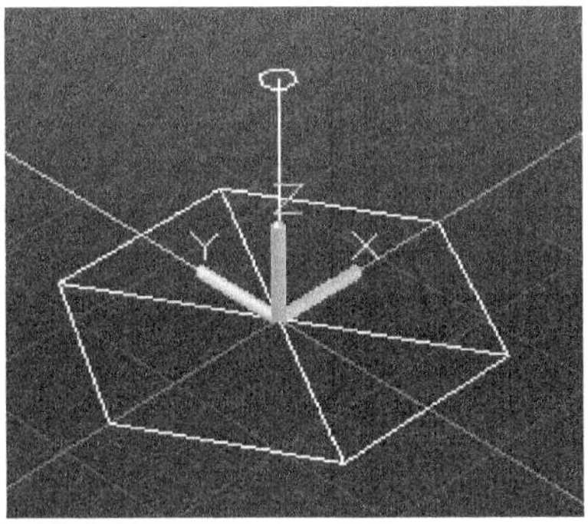

图 4-5　利用 UCS 绘图步骤 1

操作提示：

- 将视图置于“西南等轴测”视角。
- 使用“正多边形”命令绘制内接于圆、半径为 2 500 mm 的正六边形。
- 使用“直线”命令绘制正六边形的对角线。
- 使用“直线”命令绘制沿 Z 轴方向高度为 3 000 mm 的辅助直线。
- 如图 4-5 所示，在辅助线顶端绘制半径为 200 mm 的正六边形，且两个六边形的边在空间呈平行状（方位相同）。

2. 创建用户坐标系

图例：如图 4-6 所示。

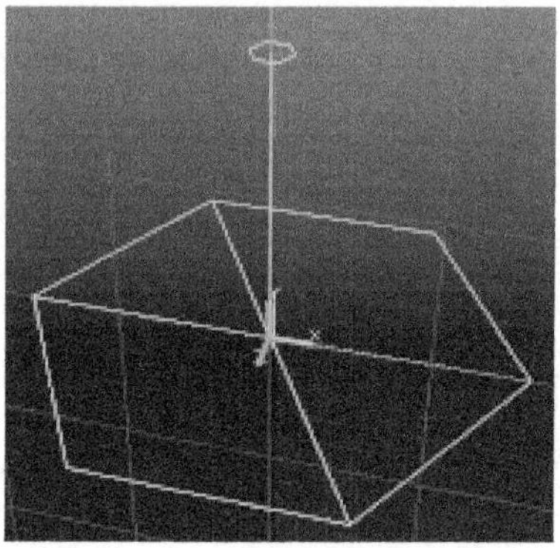

图 4-6　利用 UCS 绘图步骤 2

命令：_ucs

指定新原点<0,0,0>：拾取对角线交点

在正 X 轴范围上指定点<,,>：拾取对角线最右端点

在 UCSXY 平面的正 Y 轴范围上指定点<,,>：拾取辅助线上端点

3. 绘制圆弧参照线

图例：如图 4-7 所示。

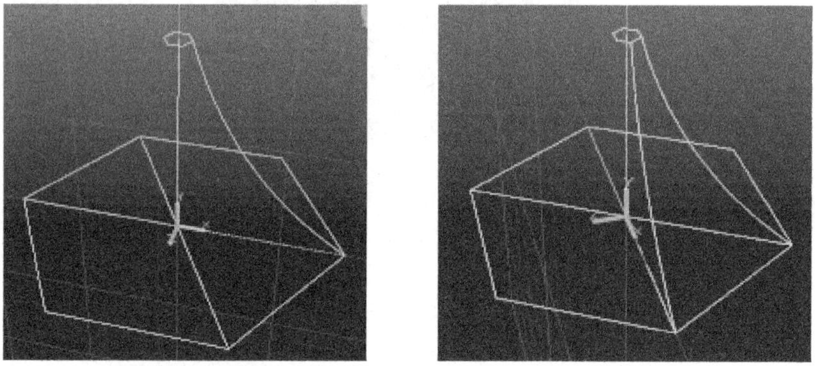

(a) 绘制第一条圆弧　　(b) 绘制第二条圆弧

图 4-7　利用 UCS 绘图步骤 3

操作提示：

• 如图 4-7(a)所示，使用"绘图"→"圆弧"菜单中"起点、端点、半径"的命令方式，绘制在当前用户坐标系 XY 平面内的圆弧参照线，其"起点"在顶面六边形一边端点，"端点"在底面六边形一边端点，"半径"为 5 000 mm。

- 如图 4-7(b)所示，重新定义用户坐标系后，重复绘制第二条圆弧参照线。
- 恢复系统默认的世界坐标系。

注意：这里必须先用三点 UCS 定义用户自己的坐标系，而且一定要使所绘制的圆弧处在 XY 平面上。读者可尝试不定义用户坐标系，看是否能够绘制出圆弧，进一步体会 AutoCAD 中自定义用户坐标系的作用。

4. 创建/阵列多边形网格

图例：如图 4-8 所示。

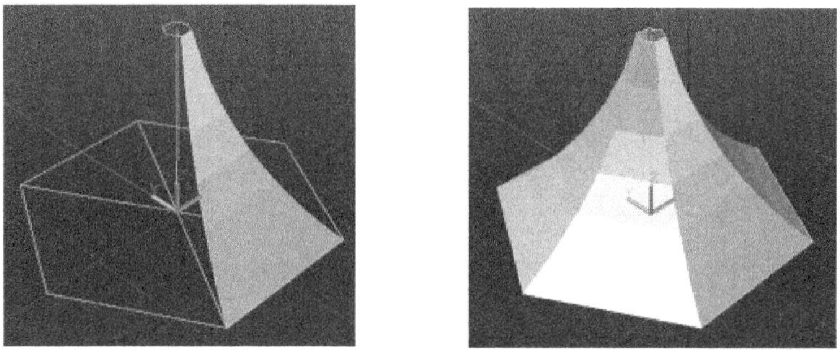

(a) 创建网格面　　(b) 阵列网格面

图 4-8　利用 UCS 绘图步骤 4

(1) 分解正六边形

功能：将顶面/底面的正六边形分解为独立线段。

菜单："修改"→"分解"。

命令：_explode

操作：直接拾取要被分解的对象即可。

(2) 创建多边形网格

功能：将空间首尾相连的四条边创建成三维多边形网格，如图 4-8(a)所示。

菜单："绘图"→"建模"→"网格"→"边界网格"。

命令：_edgevsurf

当前线框密度：SURFTAB1 = 6 SURFTAB2 = 6

选择用作曲面边界的对象 1：选择底面六边形的边

选择用作曲面边界的对象 2：选择一条相邻的圆弧

选择用作曲面边界的对象 3：选择顶面六边形的边

选择用作曲面边界的对象 4：选择另外相邻的圆弧

(3) 阵列多边形网格

功能：创建其余五个三维多边形的网格面，如图 4-8(b)所示。

菜单："修改"→"三维操作"→"三维阵列"。

命令：_3darray

选择对象：找到 1 个 拾取三维多边形网络

选择对象：↵

输入阵列类型[矩形(R)/环形(P)]＜矩形＞：p ↵ 环形阵列

输入阵列中的项目数目：6 ↵ 阵列个数

指定要填充的角度(＋＝逆时针，－＝顺时针)＜360＞：↵ 阵列角度

旋转阵列对象？[是(Y)/否(N)]＜Y＞：↵ 阵列时旋转阵列对象

指定阵列的中心点：拾取底面六边形中心

指定旋转轴上的第二点：拾取顶面六边形中心

4.1.5 三维实体的视觉变换

在模型空间中，为了让用户更好地观察三维实体，AutoCAD 提供了多种方式，可从不同的位置观察图形，如设置视图观测点、标准视点、动态观察、消隐和视觉样式。本书重点介绍常用的标准视点、动态观察和视觉样式。

(1) 标准视点

AutoCAD 系统提供了如图 4-9"视图"工具栏所示的 10 种标准视点。这些视点非常有用并且很容易使用。利用这些视点可以快速高效地完成图形的绘制。注意：标准视点的显示仅仅相对于 WCS 而不是当前的 UCS。

(2) 动态观察

在三维实体图绘制过程中，可以很方便地利用系统提供的动态观察功能对三维实体对象进行旋转，以观察其各个角度的效果。AutoCAD 系统提供了如图 4-10"动态观察"工具栏所示的 3 种观察样式。

(3) 视觉样式

为了突出实体的效果，可以对实体应用视觉样式。AutoCAD 系统提供了如图 4-11"视觉样式"工具栏所示的视觉样式。

完成图 4-8(b)的多边形网格后，可以通过"视觉样式"的切换，得到如图4-12所示的不同视觉效果(已删除底面对角线及中心辅助线)。

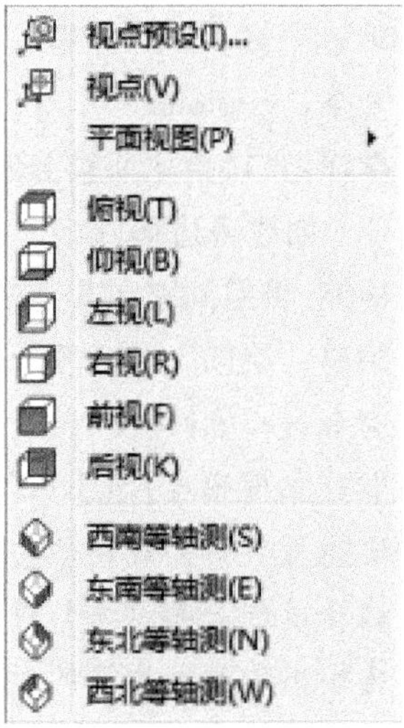

图 4-9 "视图"工具栏命令选项

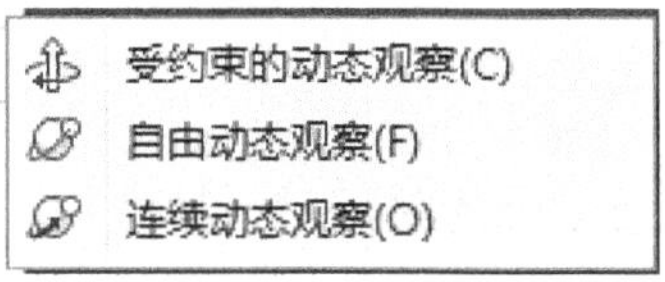

图 4-10　“动态观察”工具栏命令选项

图 4-11　“视觉样式”工具栏命令选项

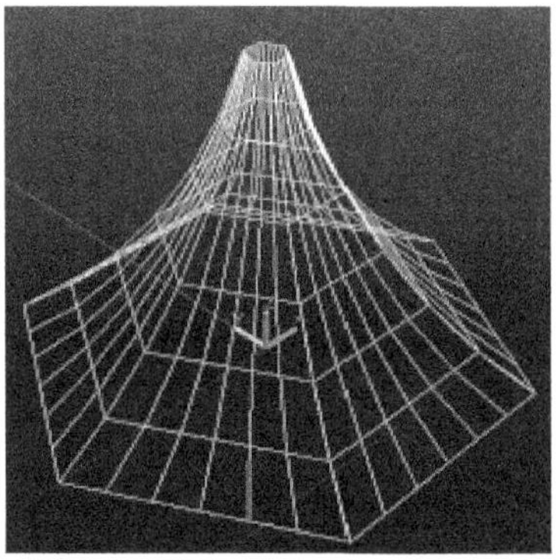

(a) 三维线框视觉样式

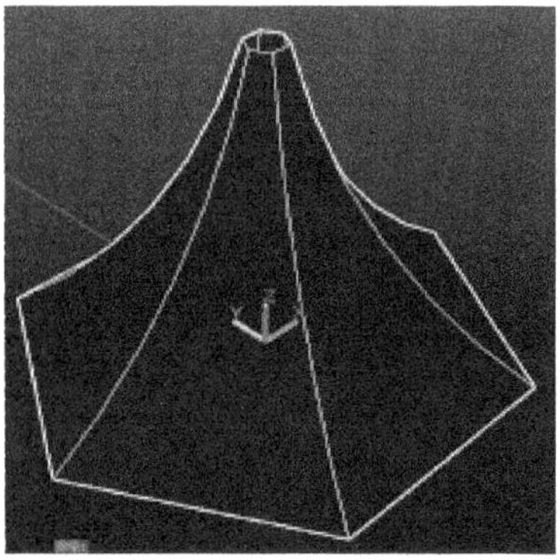

(b) 三维隐藏视觉样式

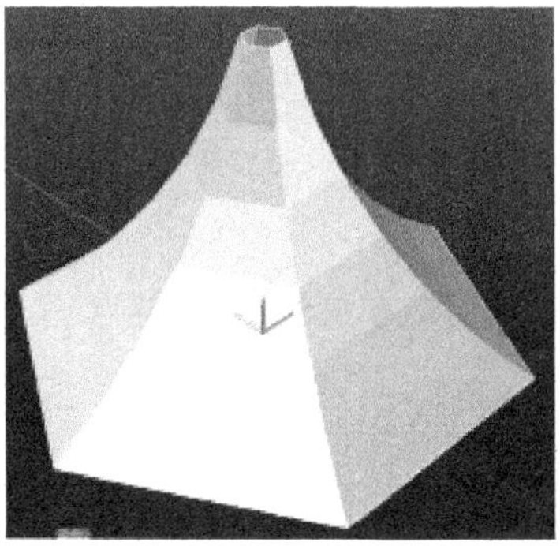

(c) 真实视觉样式

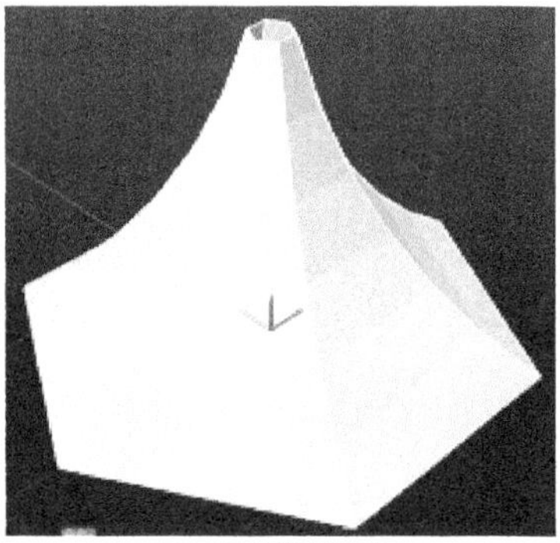

(d) 概念视觉样式

图 4-12　多边形网格的视觉变换效果

4.2 基本形体的绘制

如果要绘制真实的模型，则需要创建实体。在 AutoCAD 中可以创建基本几何形体，同时可以动态显示绘制结果。

要创建实体，可以调出如图 4-13 所示的“建模”工具栏，也可以通过“绘图”→“建模”的级联菜单访问所有的实体绘制命令。

图 4-13 “建模”工具栏命令选项

本节只介绍常用基本实体的绘制命令，其余命令的使用可查阅帮助或相关书籍。

4.2.1 长方体

长方体是最常用的三维对象之一，是复杂三维模型的基础。

菜单：“绘图”→“建模”→“长方体”。

操作提示：

• 执行默认选项，绘制完成长 80 mm、宽 40 mm、高 50 mm 的长方体，如图 4-14 所示。

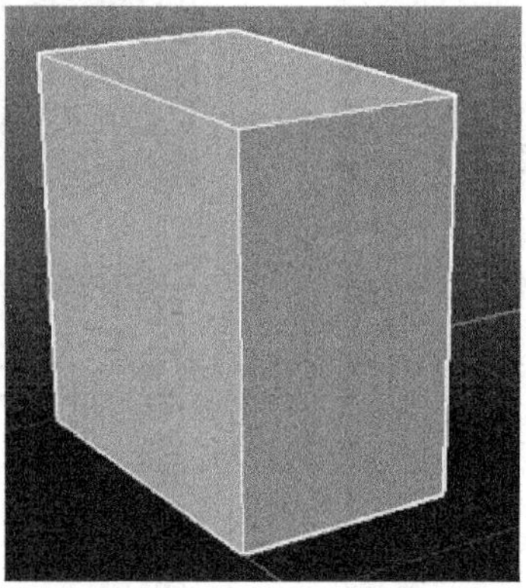

图 4-14 “长方体”图例

• 执行 C 选项，系统只询问长度，可绘制完成正方体。

• 执行 L 选项，系统会询问长度、宽度和高度值，此时应分别输入或标定。

命令：_box

指定第一个角点或[中心(C)]:鼠标指定任意角点

指定其他角点或[立方体(C)/长度(L)]：l ↵　执行长度(L)选项

指定长度 <80.0000>:80 ↵　指定长度

指定宽度 <40.0000>:40 ↵　指定宽度

指定高度或[两点(2P)] <50.0000>:50 ↵　指定高度,完成

4.2.2　楔体

楔体是沿对角线切开的长方体,其体积是长方体体积的一半,操作及命令提示信息也与长方体相似。

菜单:"绘图"→"建模"→"楔体"。

命令:_wedge

指定第一个角点或[中心(C)]：绘图区域任意定点

指定其他角点或[立方体(C)/长度(L)]：@100,60 ↵

指定高度或[两点(2P)] <50>：50 ↵

操作提示:

• 执行默认选项,绘制完成长 100 mm、宽 60 mm、高 50 mm 的楔体,如图 4-15 所示。

图 4-15　"楔体"图例

• 默认"其他角点"是指 XY 平面上的另外对角点,可以使用相对坐标定义。响应 Z 方向上的高度值后即可完成绘制。注意:鼠标置于 XY 平面的上/下位置,或输入正/负参数,都会改变楔体高度 Z 的生成方向。

• 执行 L 选项,可以像绘制长方体那样,直接输入长、宽、高。需要注意的是长、宽、高的参数应与坐标系 X、Y、Z 的坐标方向一致。

• 执行 C 选项,可以直接输入长度,即可创建沿对角线切开正方体的楔体。

4.2.3 圆锥体

菜单："绘图"→"建模"→"圆锥体"。

命令：_cone

指定底面的中心点或［三点(3P)/两点(2P)/相切、相切、半径(T)/椭圆(E)］：绘图区域任意指定底面圆心

指定底面半径或［直径(D)］：50 ↵

指定高度或［两点(2P)/轴端点(A)/顶面半径(T)］＜－50＞：100 ↵

操作提示：

• 执行默认选项，绘制完成半径 50 mm、高 100 mm 的圆锥体。

• 在"指定高度或［两点(2P)/轴端点(A)/顶面半径(T)］"提示下，拖动鼠标可控制圆锥锥尖的方向，响应不同的选项可用不同的方式来指定高度。例如，"两点(2P)"选项通过拾取两点的方式指定高度；"轴端点(A)"选项用于创建可倾斜的圆锥体(默认情况下，轴端点是基于底面中心的相对坐标)。

• 执行圆锥体命令的"顶面半径(T)"选项，系统会询问圆锥体的顶面半径参数，用以创建截断的圆锥体——圆台，如图 4-16 所示。

图 4-16 "圆锥体"图例——圆台

命令：_cone

指定底面的中心点或［三点(3P)/两点(2P)/切点、切点、半径(T)/椭圆(E)］：0,0,0 ↵ 指定底面圆的圆心

指定底面半径或［直径(D)］＜50.0000＞：d ↵ 执行直径(D)选项

指定直径＜100.000＞：↵ 指定底面圆的直径

指定高度或［两点(2P)/轴端点(A)/顶面半径(T)］＜80＞：t ↵ 执行顶面

半径(T)选项

指定顶面半径<0.000>: 20 ↵　指定顶面圆的半径

指定高度或[两点(2P)/轴端点(A)/顶面半径(T)]<80>:80 ↵　指定高度,完成

4.2.4　球体

菜单:"绘图"→"建模"→"球体"。

命令:_sphere

指定中心点或[三点(3P)/两点(2P)/相切、相切、半径(T)]:

绘图区域任意指定球心位置

指定半径或[直径(D)]<150>:60 ↵

操作提示:

- 执行默认选项,绘制完成半径为 60 mm 的球体,如图 4-17 所示。
- 可通过"三点(3P)""两点(2P)"或"相切、相切、半径(T)"选项来确定球体。

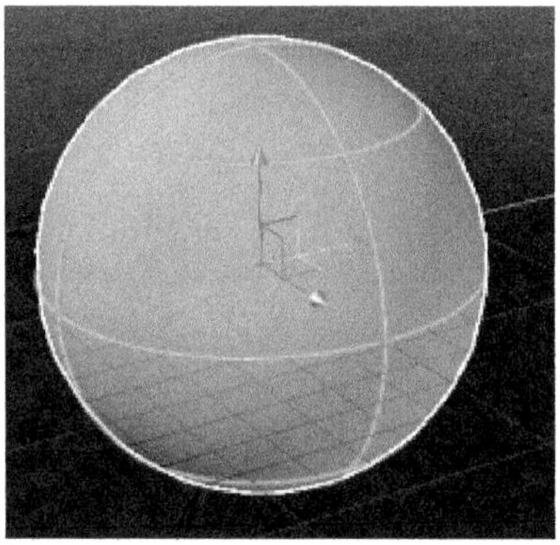

图 4-17　"球体"图例

4.2.5　圆柱体

菜单:"绘图"→"建模"→"圆柱体"。

命令:_cylinder

指定底面的中心点或[三点(3P)/两点(2P)/相切、相切、半径(T)/椭圆(E)]:

绘图区域任意指定底面圆心

指定底面半径或[直径(D)]<60>: 15 ↵

指定圆柱高度:50 ↵

操作提示:

• 执行默认选项,绘制完成底面半径为 15 mm、高度为 50 mm 的圆柱,如图 4-18 所示。

• 在"指定底面的中心点或[三点(3P)/两点(2P)/相切、相切、半径(T)/椭圆(E)]"提示下,除以默认方式指定圆柱体的中心点外,还可使用"三点(3P)""两点(2P)"或者"相切、相切、半径(T)"选项以不同方式定义圆。

• 如果选择"椭圆"选项,根据提示可定义椭圆底面,绘制椭圆柱。

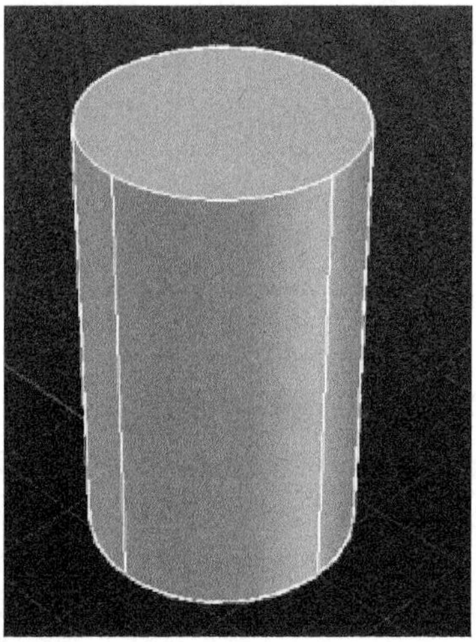

图 4-18 "圆柱体"图例

4.2.6 圆环体

圆环体是实心的三维圆环,由两个半径值来定义:一个是圆管的半径,另一个是圆环体的半径,是指从圆环体中心到圆管中心的距离。

菜单:"绘图"→"建模"→"圆环体"。

命令:_torus

指定中心点或[三点(3P)/两点(2P)/相切、相切、半径(T)]:绘图区域任意指定圆环体的中心点,即空洞的中心点

指定半径或[直径(D)]<50>: ↵

指定圆管半径或[两点(2P)/直径(D)]: 15 ↵

操作提示:

• 如图 4-19 所示是用不同圆环/圆管半径创建的不同圆环体的实例。

• 执行默认选项，绘制完成环半径为 50 mm、管半径为 15 mm 的圆环体，如图 4-19(a)所示。

• 如果圆环的半径为负值(如－40)，则要求圆管的半径必须大于圆环半径的绝对值(如 70)，将会得到一个柠檬状或橄榄球状的实体，如图 4-19(b)所示。

• 如果圆管半径(如 50)大于圆环半径(如 30)，将会得到一个皱巴巴的球或苹果样的实体，如图 4-19(c)所示。

(a) 常用圆环体图例　(b) 半径为负值时　(c) 圆管半径大于圆环半径时

图 4-19　“圆环体”图例

4.3　由二维图形创建三维实体

在创建三维实体图时，基本体只占一部分，有些实体需要根据二维图形创建。用闭合的二维图形创建三维实体，既可以用 extrude(拉伸)命令创建复杂的平面、曲面立体，也可以用 revolve(旋转)命令创建复杂的回转立体。

绘制二维图形的对象可以是直线、圆弧、椭圆弧、二维多线段、圆、椭圆、样条曲线等封闭线框。

4.3.1　创建基本拉伸实体

【例 4-3】　利用拉伸命令完成如图 4-20(b)所示实体的绘制。

1. 绘制二维图形

用直线、圆等二维绘图命令及偏移、修剪等二维编辑命令绘制如图 4-20(a)所示的二维图形。

2. 将二维图形创建为面域或边界

(1) 方法一：将二维图形创建为面域。

菜单：“绘图”→“面域”。

命令：_region

选择对象：指定对角点：找到 4 个

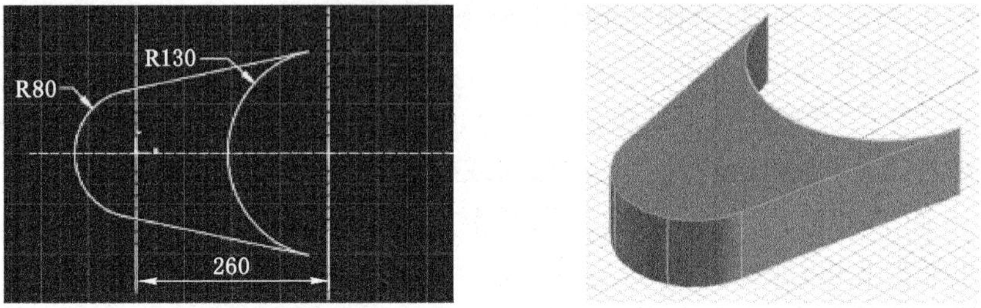

(a) 创建基本拉伸实体的平面图　　(b) 基本拉伸实体

图 4-20　基本拉伸方法建模图例

选择对象：↵

已提取 1 个环

已创建 1 个面域

操作提示：

执行命令后，用窗选方式选择 2 个圆弧和 2 条相切线段，回车完成。

(2) 方法二：将二维图形创建为多段线。

菜单："绘图"→"边界"。

命令：_ boundary

操作提示：

执行命令后，在对话框中默认"多段线"对象类型，通过"拾取点"按钮，单击图形内部任意点，即可得到一封闭的边界轮廓。

3. 用拉伸方法创建实体

菜单："绘图"→"建模"→"拉伸"。

命令：_extrude

当前线框密度：ISOLINES＝4

选择要拉伸的对象：选择创建好的面域或边界

选择要拉伸的对象：↵回车完成选择

指定拉伸的高度或[方向(D)/路径(P)/倾斜角(T)]＜100＞：75 ↵

按指定高度拉伸形体

4. 用视觉样式观察实体

菜单："视图"→"视觉样式"→"真实"。绘制完成的实体图应如图 4-20(b) 所示。

4.3.2　创建沿路径拉伸实体

可以沿着路径拉伸对象。路径可以是直线、圆、圆弧、椭圆、椭圆弧、多段线、样条曲线甚至螺旋线。路径对象必须与拉伸对象在不同的平面上。图 4-21(b)给出的是一个圆沿弧线拉伸得到的弯管实体图,图 4-21(a)是生成图 4-21(b)实体所用的平面图。

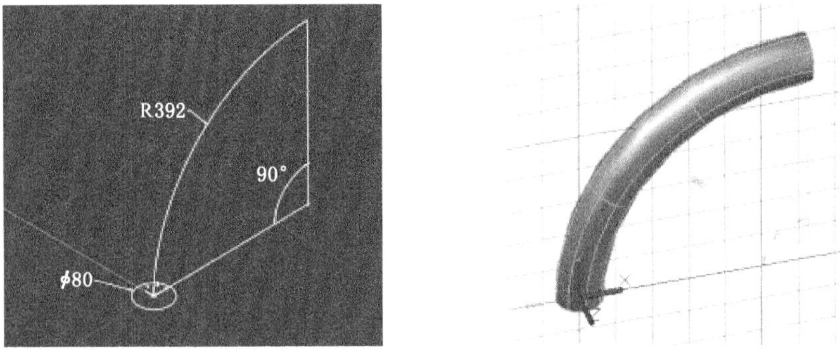

(a) 创建路径拉伸实体的平面　　(b) 沿路径拉伸方法创建实体

图 4-21　沿路径拉伸方法建模图例

1. 绘制二维图形

(1) 将图形置于“俯视”视图,使用“圆”命令,绘制 ϕ80 mm 的圆;

(2) 将图形置于“主视”视图,使用“圆弧”命令,绘制 1/4 圆弧。

命令:_arc

指定圆弧的起点或[圆心(C)]: ↵　选择圆心模式

指定圆弧的圆心:　距 ϕ80 mm 圆心 X 正向 392 mm 处定点

指定圆弧的起点:@－392,0 ↵　圆弧起点坐标

指定圆弧的端点或[角度(A)/弦长(L)]:a ↵　选择角度模式

指定包含角:－90 ↵　顺时针旋转 90°,如图 4-21(a)所示轴测图

2. 沿路径拉伸实体

菜单:“绘图”→“建模”→“拉伸”。

命令:_extrude

当前线框密度:ISOLINES＝4

选择要拉伸的对象:找到 1 个　选择如图 4-21(a)所示小圆

选择要拉伸的对象:↵

指定拉伸的高度或[方向(D)/路径(P)/倾斜角(T)]<100>:p ↵　沿路径拉伸

选择拉伸路径或[倾斜角(T)]: 拾取圆弧线

操作提示:

• 拉伸的路径不能与要拉伸的对象共面,即弧线与小圆应处在不同平

面内。

• 不是所有的路径都能用于拉伸对象。如路径太靠近拉伸对象所在的平面、路径太复杂、路径与截面相对、相对拉伸对象的曲度太大等，都会导致拉伸失败。

4.3.3 创建旋转实体

revolve 命令可将轮廓对象绕某个轴旋转后生成实体或曲面。如果轮廓是闭合的，结果是一个实体；如果轮廓是开放的，结果是一个旋转曲面。可以旋转直线、二维多段线、圆、椭圆、样条曲线、平面及面域。

【例 4-4】 利用旋转等命令完成如图 4-22(b)所示的图形绘制。

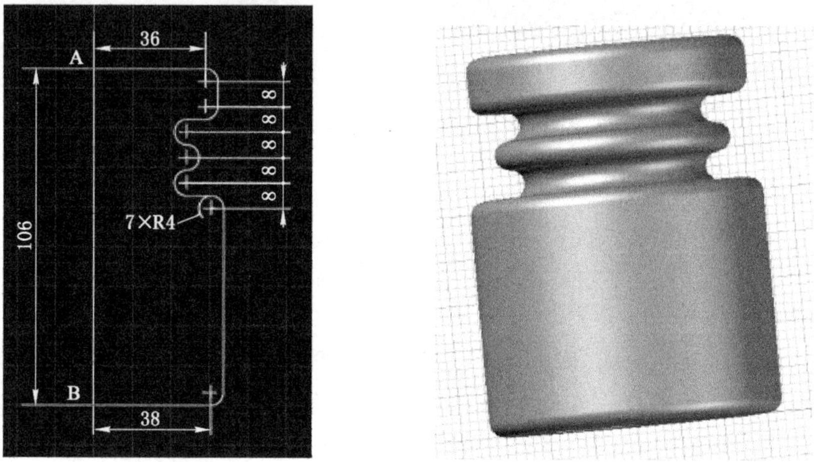

(a) 创建所用平面图　　(b) 旋转方法创建实体

图 4-22　旋转方法创建实体图例

1. 绘制二维图形

如图 4-22(a)所示，将图形置于“主视”视图，绘制好封闭轮廓后，将视图置于“西南等轴测”视角。

(1) 可用“直线”“圆/圆弧”等命令绘制二维轮廓后，使用“绘图—边界”或“绘图—面域”的方法将其创建为边界或面域。

(2) 也可用多段线命令，直接构造二维封闭轮廓。

2. 用旋转命令创建实体

菜单：“绘图”→“建模”→“旋转”。

命令：_revolve

当前线框密度：ISOLINES＝4

选择要旋转的对象：选择二维封闭轮廓

选择要旋转的对象：↵

指定轴起点或根据以下选项之一定义轴[对象(O)/X/Y/Z]＜对象＞：拾取端点 A

指定轴端点： 拾取端点 B

指定旋转角度或[起点角度(ST)]＜360＞：↵

旋转一周，如图 4-22(b)所示

3. 用抽壳命令将实体中间挖空，形成薄壁的实体

菜单："修改"→"三维操作"→"抽壳"。

命令：_solidedit

实体编辑自动检查：SOLIDCHECK＝1

输入实体编辑选项[面(F)/边(E)/体(B)/放弃(U)/退出(X)]＜退出＞：_body 输入体编辑选项

[压印(I)/分割实体(P)/抽壳(S)/清除(L)/检查(C)/放弃(U)/退出(X)]＜退出＞：_shell

选择三维实体： 选择旋转实体

删除面或[放弃(U)/添加(A)/全部(ALL)]：↵ 结束选择

输入抽壳偏移距离：2 ↵ 输入参数

已开始实体校验

已完成实体校验

输入体编辑选项

[压印(I)/分割实体(P)/抽壳(S)/清除(L)/检查(C)/放弃(U)/退出(X)]＜退出＞：↵

实体编辑自动检查：SOLIDCHECK＝1

输入实体编辑选项[面(F)/边(E)/体(B)/放弃(U)/退出(X)]＜退出＞↵

4. 显示抽壳效果

(1) 菜单："修改"→"三维操作"→"剖切"。

命令：_slice

选择要剖切的对象： 选择抽壳实体

选择要剖切的对象：↵

指定切面的起点或[平面对象(O)/曲面(S)/Z 轴(Z)/视图 (V)/XY(XY)/YZ(YZ)/ZX(ZX)/三点(3)]＜三点＞：yz ↵ YZ 坐标轴的构成平面

指定 YZ 平面上的点<0,0,0>： 拾取顶端圆心

在所需的侧面上指定点或[保留两个侧面(B)]<保留两个侧面>：↵ 完成

(2) 移动剖切后的旋转体如图 4-23 所示。使用移动命令，将两侧实体分离。

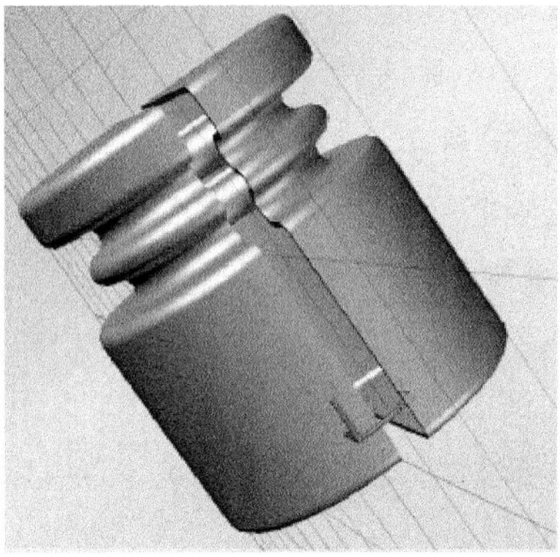

图 4-23 剖切结果

4.4 三维实体的编辑

与编辑二维对象类似，在绘制三维图形时，无论是修改错误还是作为构建过程的一部分，都需要对三维模型进行编辑。其中布尔运算是一个很重要的概念，布尔运算是指对实体进行并集、差集、交集运算，从而形成新实体的操作过程。对实体进行布尔运算需要两个或两个以上的实体。

要编辑实体，可以调出如图 4-24 所示的“实体编辑”工具栏，也可以通过“修改实体编辑”的级联菜单访问所有的实体编辑命令。

4.4.1 布尔运算

1. 并集

合并两个或多个独立实体，构成一个复合实体，如图 4-25 所示。

菜单：“修改”→“实体编辑”→“并集”。

命令：_union

选择对象：指定对角点：找到 2 个 窗选拾取长方体和圆柱体

选择对象：↵

操作提示：

图 4-24　“实体编辑”工具栏命令选项

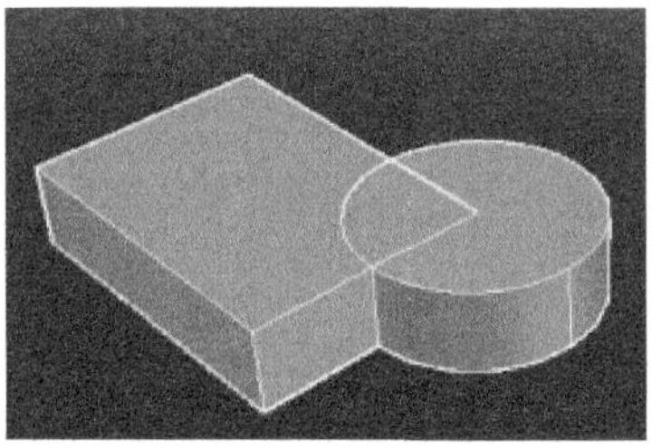
(a) 并集前两个独立实体

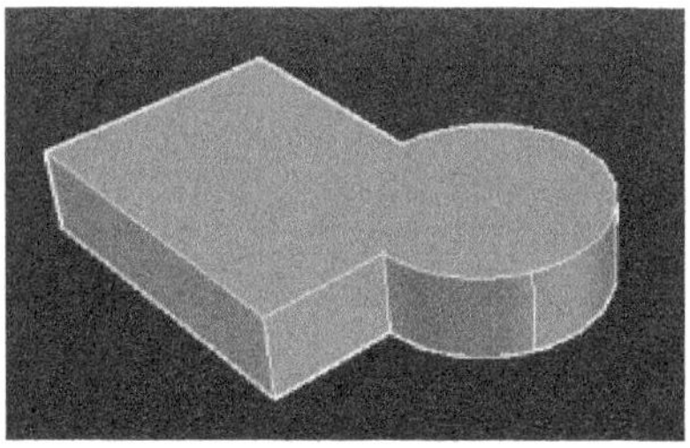
(b) 并集后的一个复合实体

图 4-25　两实体并集运算图例

• 执行并集命令后，允许用单选方式逐一拾取要合并的三维对象，也可以用窗选或交叉窗选的方式，拾取要合并的三维对象。

• 执行并集命令，必须先选择要合并的实体对象，然后回车确认合并。

2. 差集

从一个(组)实体中删除另一个(组)与其有公共部分的实体，构成一个复合实体，如图 4-26 所示。

(a) 差集前两个独立实体　　(b) 从长方体中差去圆柱　　(c) 从圆柱中差去长方体

图 4-26　两实体差集运算后图例

菜单："修改"→"实体编辑"→"差集"。

命令：_subtract

选择要从中减去的实体或面域...

选择对象：找到 1 个　拾取长方体/圆柱

选择对象：↵

选择要减去的实体或面域...

选择对象：找到 1 个　拾取圆柱/长方体

选择对象：↵

操作提示：

执行差集命令后，一定要先拾取需从中减去的三维实体、曲面和面域(相当于被减数)，而后再逐一拾取要减去的三维实体、曲面和面域(相当于减数)，如图 4-26 所示。

3. 交集

提取两个或多个重叠实体的公共部分，构成一个复合实体，如图 4-27 所示。

菜单："修改"→"实体编辑"→"交集"。

命令：_intersect

选择对象：指定对角点：找到 2 个　窗选拾取长方体和圆柱

操作提示：

• 执行交集命令后，允许用单选方式逐一拾取要提取共有实体部分的三维对象，也可以用窗选或交叉窗选的方式，拾取交集对象。

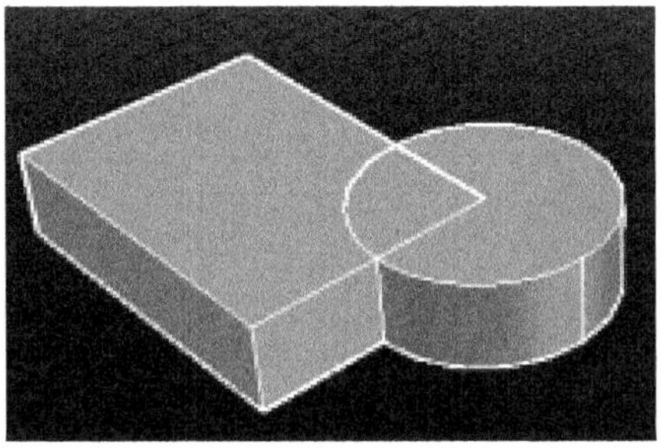

(a) 交集前两个独立实体

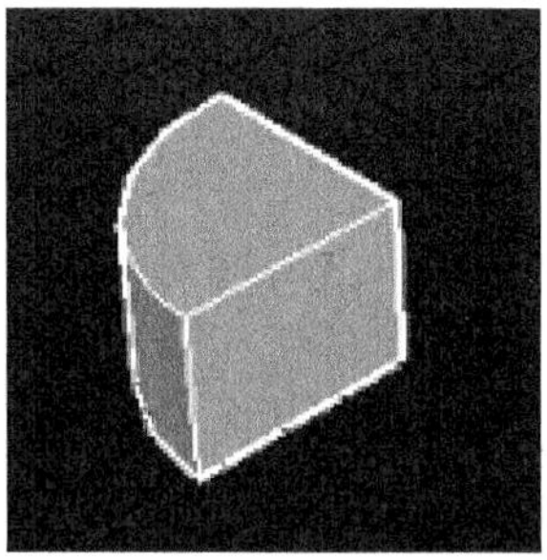

(b) 交集后的一个复合实体

图 4-27　两实体交集运算后图例

4.4.2　常用实体编辑命令

创建了三维实体后，由于设计需要和建模操作导致的修改问题，有可能还需要对已经建立好的模型进行编辑。实体编辑是对已有的三维实体进行拉伸、移动、旋转、偏移、倾斜、删除、复制、添加颜色和材质、剖切、加厚、转换为实体、转换为曲面等常规修改操作，从而形成新实体的编辑过程。

执行实体编辑的键盘命令都是 solidedit，对于不同的编辑要求需进行具体选项的选择。建议读者在“实体编辑”时，直接使用按钮命令，以简化命令行的多重提示；也可以在“常用”选项卡的“实体编辑”面板中选择相应的命令按钮，完成相应的操作，如图 4-28 所示。

1. 拉伸面

功能：按指定的高度（正/负）、方向（正/负）、路径（直线/曲线）拉伸实体表面。

菜单：“修改”→“实体编辑”→“拉伸面”。

图例：如图 4-29 所示。

操作提示：

• 执行“拉伸面”按钮的默认选项，按命令行的提示信息，依次选择如图 4-29(a)所示边长为 50 mm 的正方体上表面，输入拉伸高度、拉伸角度后，二次回车结束命令。

• 如图 4-29(b)～(e)所示分别为输入＋20 mm、默认 0°，输入－20 mm、默认 0°，输入＋20 mm、＋15°，输入＋20 mm、－15°的拉伸结果。

• 拉伸面的选择，可以响应“选择面或[放弃(U)/删除(R)/全部(ALL)]”的提示信息，进行放弃、删除/添加、全部等调整。

• 响应“指定拉伸高度或[路径(P)]”提示中的 P 选项，可以按指定路径（如

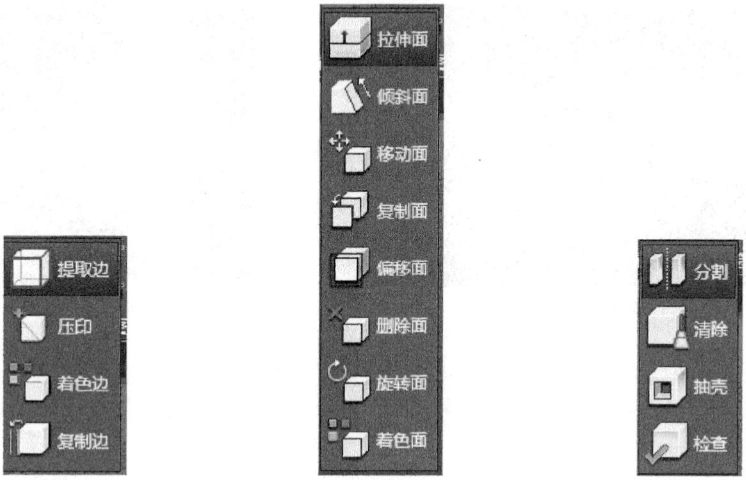

(a) 提取边命令组按钮 (b) 拉伸面命令组按钮 (c) 分割命令组按钮

图 4-28 实体编辑命令组按钮

(a) 选拉伸表面 (b) 正向0角度拉伸 (c) 负向0角度拉伸 (d) 正向正角度拉伸 (e) 正向负角度拉伸

图 4-29 按高度、角度拉伸面的实体编辑图例

圆弧路径或直线路径)拉伸实体。

2. 着色面

功能:按指定的颜色附着在三维实体对象的表面上。

菜单:“修改”→“实体编辑”→“着色面”。

操作提示:

• 执行“着色面”按钮命令,选择表面,确认后在“选择颜色”对话框中,拾取要赋予的颜色,单击“确定”按钮完成。

• 着色面的选择,同样可以响应“选择面或[放弃(U)/删除(R)/全部(ALL)]”的提示信息,进行放弃、删除/添加、全部等调整。

3. 移动面

功能：按指定的高度或距离移动选定三维实体对象的表面。

菜单："修改"→"实体编辑"→"移动面"。

图例：如图 4-30 所示。

(a) 移动前位置　(b) 选择移动对象　(c) X向移动的结果

图 4-30　移动面的实体编辑图例

操作提示：

• 执行"移动面"按钮命令，选择如图 4-30(b)所示长圆体的四个表面，结束对象选择后，用鼠标拾取所示对象的圆心作为移动基点，辅助"正交"功能，输入正向参数即可完成图 4-30(c)效果。

• 移动面的选择，同样可以响应"选择面或[放弃(U)/删除(R)/全部(ALL)]"的提示信息，进行放弃、删除/添加、全部等调整。

4. 删除面

功能：用于删除三维实体上的面、圆角或倒角。

菜单："常用"→"实体编辑"→"删除面"。

操作提示：

• 执行"删除面"命令的默认选项，直接选择要删除的表面

• 选择后回车直接删除面，在执行二次回车后结束删除面操作。

• 执行"删除面"命令还可删除圆角和倒角。

执行"删除面"命令的"放弃(U)""删除(R)""添加(A)"或"全部(ALL)"选项，可方便地进行面的重新选择、删除、添加、全部等调整。

4.4.3　常用三维操作命令

三维操作命令多用于对已经创建好的实体进行空间方位调整的编辑操作，常用命令有三维移动、三维旋转、三维对齐、三维镜像、三维阵列、剖切、加厚、转换为实体、转换为曲面等。

1. 三维移动

功能：在三维视图中显示移动夹点工具，并沿指定方向将对象移动指定

距离。

菜单:“修改”→“三维操作”→“三维移动”。

命令:3dmove

操作提示:

• 执行“三维移动”按钮命令,选择对象,显示附着在光标上的移动夹点工具后,用鼠标拾取移动基点,输入移动参数,完成移动。

• 指定三维移动对象和基点后,将光标悬停在夹点工具的轴控制柄上,等到光标变为黄色并显示矢量轴线后,单击黄色轴控制柄,直接输入距离参数完成选定对象的三维移动。

2. 三维旋转

功能:在三维视图中显示旋转夹点工具并围绕基点旋转对象。

菜单:“修改”→“三维操作”→“三维旋转”。

命令:3drotate

操作提示:

• 执行“三维旋转”按钮命令,选择对象,显示附着在光标上的旋转夹点工具后,用鼠标拾取旋转基点,输入旋转角度,完成旋转效果。

• 将光标悬停在夹点工具上的轴控制柄上,等到光标变为黄色并显示矢量轴线,单击黄色轴控制柄,直接输入距离参数完成选定对象的三维移动。

• 指定三维旋转对象和基点后,将光标悬停在夹点工具的轴控制柄上,等到光标变为黄色并显示矢量轴线,单击黄色轴控制柄,直接输入角度参数完成选定对象的三维旋转。

• “旋转”命令(rotate)用于二维图形在 XY、YZ、ZX 平面内的旋转。

• “旋转”命令(revolve)用于将封闭的二维图形旋转生成三维实体。

• “三维旋转”命令(3drotate)是对已有的三维实体进行旋转的操作。

3. 三维对齐

功能:在三维视图中可以通过移动、旋转或倾斜对象使选定对象与其他对象对齐。

菜单:“修改”→“三维操作”→“三维对齐”(“对齐”)。

命令:3dalign(align)

操作提示:

• “修改三维操作三维对齐”与“修改三维操作对齐”命令的区别是:对齐基点与对齐目标点的选择方法虽然不同,但仍然可以得到相同的对齐效果。

4.4.4　复合实体的创建实例

【例 4-5】 利用“建模”和“三维操作”命令完成如图 4-31 所示组合体的绘制。

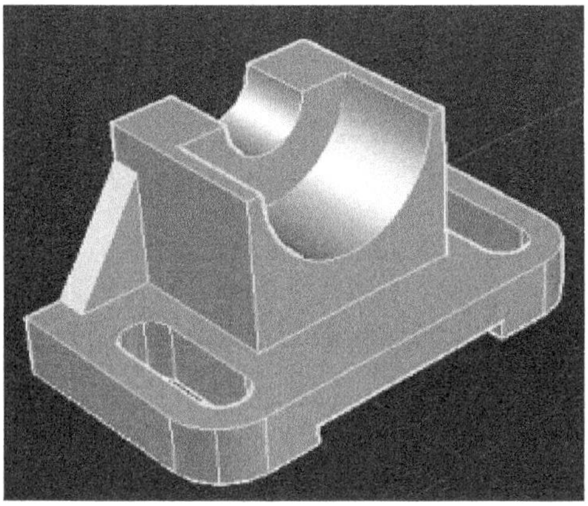

图 4-31　三维组合体实例

根据图示组合体左右对称和上下分布的结构特点，可以将此组合体拆分为底板复合体、中间复合体、两侧楔体三部分，并可由此决定 AutoCAD 建模的基本思路。

在该实例的绘图过程中，用到了长方体、圆柱体、楔体等建模命令，复制、移动、圆角等修改命令，并集、差集等实体编辑命令，三维镜像等三维操作命令，以及 UCS 用户坐标系的适时转换命令等。

需要注意的是：此建模方法不是唯一的，读者可自行变换绘图顺序并采用不同的绘图方法。

1. 绘制底板复合体（外形尺寸 120 mm×70 mm×15 mm）

（1）绘制长方体复合体，如图 4-32 所示。

• 默认世界坐标系，并切换至“西南等轴测”视图。

• 使用“长方体”命令，任意定点，画长为 120 mm、宽为 70 mm、高为 15 mm 的大长方体，如图 4-32(a)所示。

• 重复“长方体”命令，定前角点，画长为 60 mm、宽为 70 mm、高为 5 mm 的小长方体，如图 4-32(b)所示。

• 开启“自动捕捉”功能，用“移动”命令，以小长方体的底边中点为“基点”移动到大长方体的底边中点，并确保宽度平齐，如图 4-32(c)所示。

• 使用“差集”命令，从大长方体中差去小长方体，如图 4-32(d)所示。

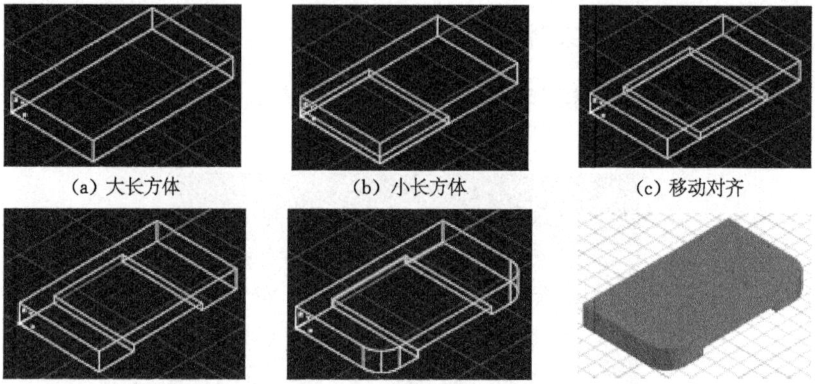

(a) 大长方体　(b) 小长方体　(c) 移动对齐

(d) 差集结果　(e) 圆角结果　(f) 着色效果

图 4-32　绘制长方体复合体图示

• 使用“圆角”命令，编辑长方复合体中 2 个 R15 圆角，操作步骤如下：

命令：_fillet

当前设置：模式＝不修剪，半径＝0.0000

选择第一个对象或[放弃(U)/多段线(P)/半径(R)/修剪(T)/多个(M)]：拾取第 1 条立边　注：拾取对象的同时会默认第 1 个圆角位置

输入圆角半径：15 ↵　圆角半径 R15

选择边或[链(C)/半径(R)]：　拾取第 2 条立边

选择边或[链(C)/半径(R)]：↵　结束圆角边拾取

已选定 2 个边用于圆角，完成后如图 4-32(e)所示

(2) 绘制长方体-圆复合体，如图 4-33(c)所示。

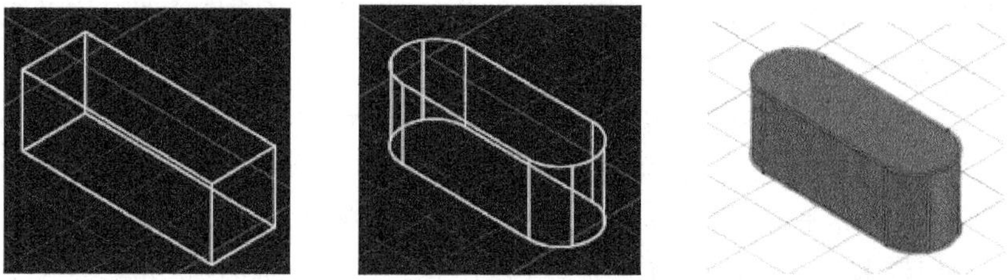

(a) 画长方体　(b) 圆角结果　(c) 着色效果

图 4-33　绘制长方体-圆复合体图例

• 使用“长方体”命令，绘出长为 14 mm、宽为 42 mm、高为 15 mm 的长方体，如图 4-33(a)所示。

• 用“圆角”命令，编辑长方体中 4 个 R7 圆角，如图 4-33(b)所示。

(3) 完成底板复合体，如图 4-34 所示。

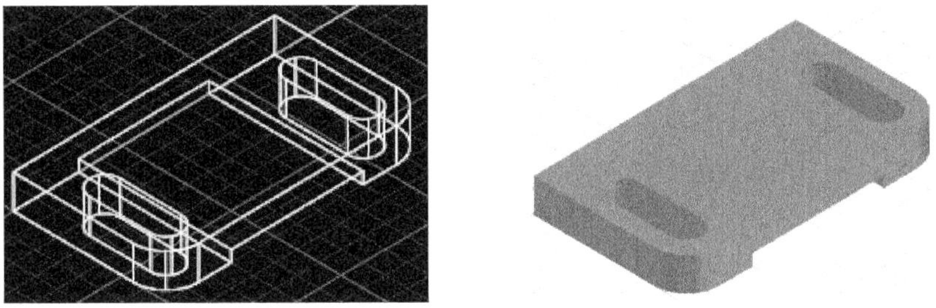

(a) 差集结果　　(b) 着色效果

图 4-34　绘制底板复合体图例

• 使用“移动”命令，使长方体-圆复合体的圆心与长方体复合体圆角的等高圆心重合。

• 开启“正交”功能，用“复制”命令，拾取长方体-圆复合体的任意圆心，移动鼠标置 X 轴正向，键盘直接输入 90 完成。

• 使用“差集”命令，从长方体复合体中差去两个长方体-圆复合体，如图 4-34(a)所示，图 4-34(b)采用“概念视觉样式”。

2. 绘制中间复合体(外形尺寸 60 mm×50 mm×40 mm)

(1) 绘制长方体，如图 4-35 所示。

使用“长方体”命令，任意定点绘出长为 60 mm、宽为 50 mm、高为 40 mm 的长方体，如图 4-35(a)所示。

(2) 绘制同轴圆柱体，如图 4-35(b)～(d)所示。

① 设置用户坐标系，使用 UCS 工具栏的“三点”命令。定义 UCS 的操作步骤如下：

命令：_ucs

当前 UCS 名称：*世界*　当前坐标系

指定 UCS 的原点或[面(F)/命名(NA)/对象(OB)/上一个(P)/视图(V)/世界(W)/X/Y/Z/Z 轴(ZA)]<世界>：拾取长方体中点

指定 X 轴上的点或<接受>：拾取 X 轴正向端点

指定 XY 平面上的点或<接受>：拾取 Y 轴正向端点，完成后如图 4-35(b)所示

设置 UCS 的目的：可省略后续同轴圆柱体需要方位调整的三维旋转操作。

② 使用“圆柱体”命令 U，分别绘出两个同轴圆柱：

a. 以 UCS 原点(中点)为圆心，绘制 R26×30 大圆柱的操作如下：

命令：_cylinder

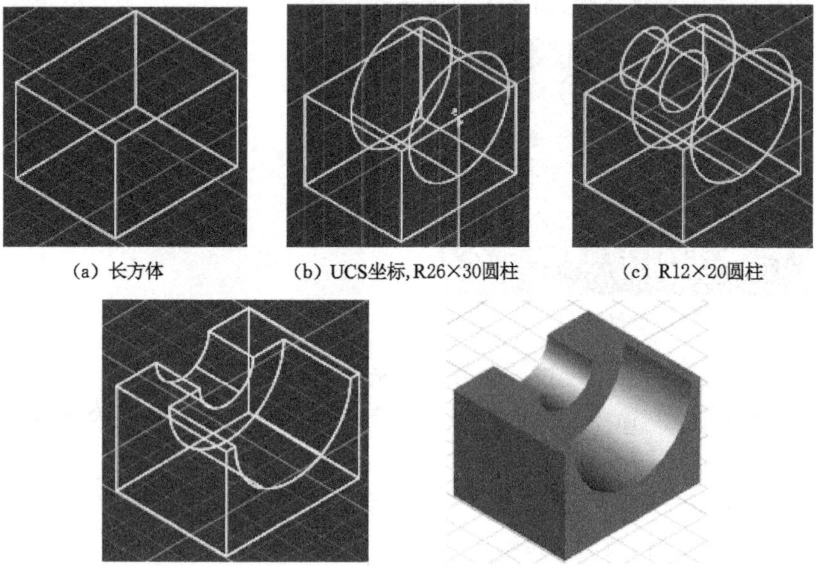

(a) 长方体　(b) UCS坐标，R26×30圆柱　(c) R12×20圆柱

(d) 差去两个同轴圆柱体　(e) 着色效果

图 4-35　绘制中间复合体图例

指定底面的中心点或[三点(3P)/两点(2P)/相切、相切、半径(T)/椭圆(E)]： 拾取中点(UCS 原点)

指定底面半径或[直径(D)]：26 ↵　圆柱半径 R26

指定高度或[两点(2P)/轴端点(A)]<40.0000>：30 ↵　拖动鼠标置 Z 轴正向再输入 30，结果如图 4-35(b)所示

b. 以长方体另一端中点为圆心，绘制 R12×20 小圆柱的操作如下：

命令：cylinder 空格，重复圆柱体命令

指定底面的中心点或[三点(3P)/两点(2P)/相切、相切、半径(T)/椭圆(E)]： 拾取中点

指定底面半径或[直径(D)]：12 ↵　圆柱半径 R12

指定高度或[两点(2P)/轴端点(A)]<40.0000>：20 ↵　拖动鼠标置 Z 轴负向再输入 20，结果如图 4-35(c)所示

③ 使用 UCS 工具栏的“世界”命令，还原默认的世界坐标系。

(3) 完成中间复合体，如图 4-35(e)所示。

使用“差集”命令，从长方体中差去两个同轴圆柱体，如图 4-35(d)所示。图 4-35(e)采用“概念视觉样式”。

3. 绘制两侧楔体(外形尺寸 20 mm×8 mm×30 mm)

(1) 绘制一侧楔体

使用"楔体"命令,绘出长为 20 mm、宽为 8 mm、高为 30 mm 的楔体。

(2) 镜像另一侧楔体

使用"三维镜像"命令,镜像另一侧的楔体。

菜单:"修改"→"三维操作"→"三维镜像"。

命令:_mirror3d

选择对象:找到 1 个　拾取楔体

选择对象:↵

指定镜像平面(三点)的第一个点或[对象(O)/最近的(L)/Z 轴(Z)/视图(V)/XY 平面(XY)/YZ 平面(YZ)/ZX 平面(ZX)/三点(3)]<三点>:yz ↵

指定 YZ 平面上的点<0,0,0>:　拾取 UCS 原点

是否删除源对象?[是(Y)/否(N)]:n ↵　完成,如图 4-36 所示

说明:"三维镜像"可用复制、旋转、移动命令分步完成。

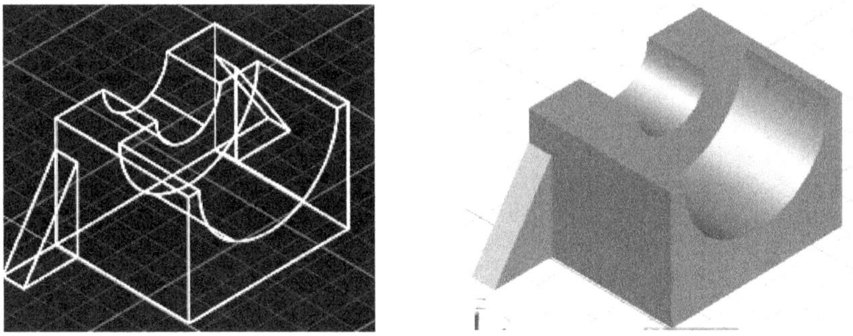

图 4-36　绘制两侧楔体图例

4. 定位并组合对象

(1) 使用 UCS"世界"命令,还原默认的世界坐标系(可省略)。

(2) 使用"并集"命令,合并中间复合体与两侧楔体。

(3) 使用"移动"命令,将上、下两部分移动到位。

(4) 使用"并集"命令,合并上、下两部分的组合体。

(5) 使用"三维隐藏视觉样式"命令,显示并完成组合体,如图 4-37 所示。

特别说明:在进行"并集"或"差集"操作前,读者一定要用"视图"或"动态观察"命令变换不同角度去观察视图,确认实体建模的相互关联没有错误时,再进行布尔运算。

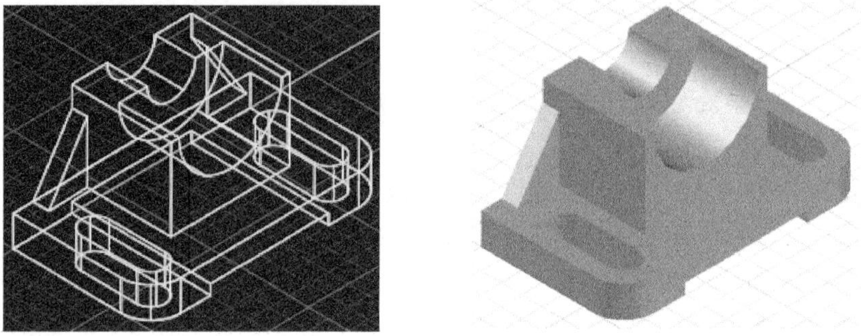

图 4-37　定位并组合上、下两部分对象图例

4.5　将三维实体输出到 STL 文件

将三维实体输出到 STL 文件的步骤：依次单击“应用程序”菜单→“输出”→“其他格式”。

在“输出数据”对话框中输入文件名。

在“文件类型”下，选择“平板印刷（＊.stl）”。

单击“保存”按钮。

注意事项：设计内容必须是三维实物，并且坐标值都为正。

操作步骤如下：

（1）保证目标是正空间（坐标值为正）

（2）在命令行输入“facetres”。

（3）输入 1 到 10 之间的一个数，1 表示低分辨率，10 表示高分辨率。

（4）在命令行输入“stlout”。

（5）选择目标模型。

（6）输入“y”，表示输出二进制。

（7）输入文件名，保存。

4.6　三维渲染

尽管三维图形比二维图形更逼真，但是看起来还是有些不自然，缺乏现实世界中的色彩、阴影和照明。渲染能使三维图形的显示更加真实。一些高级功能还可以创建阴影、使对象透明、添加背景、将二维图像映射到三维模型表面。这个过程也是许多效果图的制作过程。

渲染是一个多步骤过程，通常都要经过大量的反复试验才能得到所需要的结果。下面是渲染的一般操作步骤：

(1) 使用默认设置来渲染一幅图，由此可以观察哪些设置可以改变。

(2) 创建灯光。AutoCAD 提供四种光源：默认光源、平行光（包括太阳光）、点光源和聚光灯。

(3) 创建材质。材质为材料的表面特性，包括颜色和纹理、反射光（亮度）、透明度、折射率以及凹凸贴图等。

(4) 将材质附着到图形中的对象上。可以借助对象或图层附着材质。

(5) 添加背景或雾化效果。

(6) 调整渲染参数，以达到满意的效果。

(7) 渲染图形。

由于篇幅所限，本书仅介绍上述主要步骤的操作方法，一些高级功能及各项参数的设置方法及作用请读者参阅相关书籍。

4.6.1 设置光源

使用默认选项渲染时，AutoCAD 提供两个能照在视图中对象上的光源。这远远不够而且不够逼真，因此系统中还提供了四种类型的光源，可以用来创建更加真实的场景，特别是如果想在渲染图形中出现阴影，合适的光源位置非常重要。

(1) 创建点光源。点光源相当于典型的电灯泡或者蜡烛。它的光线来自指定的位置，光线向四面八方辐射。创建点光源时可调节衰减参数，使其亮度随着点光源的距离增加而减小。

目标点光源类似点光源，但需要指定目标位置，它能帮助用户控制光照方向。

(2) 创建聚光灯。聚光灯与点光源的区别在于聚光灯只有一个方向。因此，不仅要为聚光灯指定位置，还要定其目标，而且是两个坐标，即从某个位置指定照射到另一个位置。除此之外，聚光灯还有一个明亮的中心，称为聚光角；明亮中心外缘渐暗的环，称为照射角。

自由聚光灯类似于聚光灯，但是它没有目标，因此使用时可以像使用聚光灯一样指定聚光角和照射角。

(3) 创建平行光。平行光类似于太阳光。由于光线是从很远的地方照射过来的，因此在实际应用过程中，它们的光线是平行的。平行光不衰减，在插入平行光之前，建议将 lighting units 系统变量设为 0，以关闭光度单位，否则会降低平行光的强度。

4.6.2 创建并附着材质

在 AutoCAD 中，材质是三维对象的实际材质表现形式，如玻璃、金属、纺织品等。使用材质是渲染过程中的重要部分，对结果会产生很大的影响。材质与光源相互作用。例如，有光泽的材质会产生高光区，因而其反光效果与表面暗淡的材质有明显的区别。

1. 创建材质

为了管理和修改材质，从“渲染”工具栏中打开“材质”选项板。“材质”选项板上半部分显示目前图形中可用的所有材质，可以选择任何材质来查看并修改其特性。主要功能概述如下：

(1) 创建自己的材质。有真实、真实金属、高级、高级金属四种基本的材质样板。

(2) 选择材质颜色。可以通过修改环境光、漫射、镜面等参数呈现不同的颜色。

(3) 选择其他材质特性。可以通过修改反光度、不透明度、折射率、半透明度、自发光等参数，直到获得所要的材质效果。

(4) 添加纹理、不透明性和凹凸贴图。可以选择漫射贴图、不透明贴图、凹凸贴图等功能，实现材质的真实效果。

(5) 调整贴图和光源效果。

2. 附着材质

将材质附着到对象上最简单的方法是使用 Ctrl＋3 组合键调出“工具选项板”，然后再单击折叠卡片。在弹出的快捷菜单中单击选择，即可在工具选项板窗口中显示所需要附加的材质信息。

操作提示：

选择选项板上需要的材质样例，在“选择对象：”提示下，选择要添加该材质的三维对象即可。

用户也可以在输入、创建和修改了所需的材质创建完成自己的材质后，将其附着在三维对象上；也可以随对象或图层附着材质。

(1) 通过选择对象，将所创建材质附着到整个对象。

(2) 指定图层上的任何对象，包括块内的对象图层。

3. 添加背景

通过保存含背景的视图可以将背景添加到渲染的场景。

(1) 选择“视图命名视图”菜单命令。在“视图管理器”对话框中,单击“新建”按钮,在“新建视图”对话框的“视图名称”文本框中输入当前视图名称。在“背景”选项区中,选择“图像”选项,单击“浏览”按钮,打开“背景”对话框。

(2) 单击“浏览”按钮,在“选择文件”对话框中,在“文件类型”下拉列表中选择“所有图像文件”选项。

(3) 在“背景”对话框中,单击“调整图像”按钮,在“图像位置”下拉列表中选择“拉伸”选项,单击“确定”按钮三次,返回“视图管理器”对话框。单击“置为当前”按钮,单击“确定”按钮返回图形。

4.6.3　渲染图形

按上述步骤附着所需材质并添加背景文件,单击“渲染”工具栏中的“渲染”按钮,进行最终渲染。读者可自行尝试不同的渲染效果,还可以在“高级渲染设置”选项板中进行某些更专业的设置。

渲染是需要反复试验的过程,不要期望一次成功,经常会发现某些地方不满意需要改进,需要返回去调整光源、材质等,直到满意为止。

第5章 创新思维

5.1 创新思维概述

在创新过程中，人们运用创造性思维提出了一个又一个新观念，形成了一个又一个新理论，完成了一次又一次新发明和创造，不断地丰富着人类的知识宝库，促进了人类社会的进步和人的全面发展。创新思维是创新活动的核心，把握和获得创新思维能力是创新成功的关键。

5.1.1 创新思维的含义

创新思维是一种超越性智慧，它表现为思维的跳跃，其含义有以下两个方面的内容。

1. 创新思维寻求思维的跳跃

思维的跳跃可以和量子理论中的量子跳跃相比。思维的跳跃允许我们从行为的既定模式中摆脱出来。这些既定模式构成了我们的性格，也就是我们几十年来的成长和训练的结果。

创新思维就是摆脱思维的既定模式，寻求思维的跳跃，从一种可能性跳跃到另一种真实存在的可能性，思维的跳跃就是一种超越，它表现为人类智慧的一种超越性功能。

2. 创新思维是一种能动思维模式的选择

创新思维可以理解为一种超越性的智慧，这种智慧能够为那些需要解决的问题提供各种可能性，而一旦在各种可能性中选择到某种前所未有的可能性，这种智慧就成了创新思维。

创新思维是一种能动思维模式的选择，就像我们可以选择是在寒冷的冬季还是在酷热的夏季去旅游一样，我们可以对自己的思维境界进行选择，把解决问题的思维活动置于更高的境界。

案例：协同采矿方法的诞生

在社会逐渐发展的过程中，人们对能源的需求逐渐加大，其中对煤炭资源的需求也越来越大，因此促进了煤炭产业的发展，这对采矿技术也提出了更高的要求，使其逐渐朝着更加专业化以及科学化的方向发展。采矿技术对整个煤炭产业而言都是极其重要的，常见的采矿技术有充填采矿、空场采矿和崩落采矿。当井下的矿场有较深或者较大的孔、出现空场的时候一般会选择空场采矿的方式，这也是井下采矿最常用的方法，并且这种方法的使用不仅提高了采矿的质量，而且提高了采矿效益。当需要开采围岩不太稳定，并且比较贵重以及稀缺的矿体，同时这些矿体不能够崩落时，便会采取充填采矿的方法。

然而，单一的采矿方法并不适合所有的矿井，因此协同采矿方法应运而生。该方法的使用应满足三个条件：一是矿体的上盘围岩可以以块状的形式崩落；二是允许地表塌落；三是矿石必须是中等以上的比较稳固的急倾斜原矿体。此方法的诞生是创新性思维在矿业技术中的体现，其应用目前占比达到了40%左右，且范围越来越广。

5.1.2 创新思维的本质

可以把创新思维看成是一种超越性的智慧。采用这种思维方式，就使思维中具有了异质成分。如果把创新思维作为一个过程来看待，创新思维的本质就是在思维中不断地加入异质成分。

人的经验不同于普通动物，人的经验可以通过累加产生质变，但简单的重复不可能出现创新。美国经济学家熊彼特曾说过："不管你把多大数量的驿路马车或邮车连续相加，也绝不能得到一条铁路。"

如果要修铁路，传统的交通工具可能会给我们启示，但仅仅启示是不够的，还需要跳出传统交通工具模式才能够想到铁路。这就需要有异质性思考，人类交通工具水准的不断提升，就是在对问题思考的过程中不断加入异质成分的结果。如果我们要为潜在的创新思维能力提供发挥其作用的舞台，那么一个有利于创新的制度安排就是必要的。传统的管理方式仍然会发挥作用，但传统的管理并不能完全满足创新的要求，还需要在制度安排上有超越传统的异质。这时候，以知识为中心的组织形式，就需要向以智慧为中心的组织形式过渡。原先的学习型组织模式就应该实现超越，演变为适应智慧时代的创新型组织模式。

5.2 创新思维技巧

在矿业开采中，有一些常用的思维技巧需要熟悉和掌握，以备在思维创新中随时调用。这些思维技巧从大的方面可以分为两大类，即直接法和间接法。比如“把矿物运到地面上”这件事，其核心是把矿物运送到地面，它可以有不同的实现方法。直接法是把开采出来的矿石搬到地面；间接法是用运输车，车跑到地面也就把矿物移动到地面了。从这个例子可以明确看出两者的区别。创新中很少采用直接法，以间接法居多。

5.2.1 直接法

直接法就是在创新中对于问题或目标，尽量采取简单、直接的措施予以解决或实现。直接法是我们面对课题作为第一反应而想到的办法，但是能这样做的情况比较少见。能允许用直接法的场合，要么问题比较简单，要么条件有保障，实力较强。比如战争中的强攻就是直接法，当对手比较弱小又没有采取有效的防御措施时，就可以采取直接攻击的方法消灭他。在科研中，如果课题对我们不算是个难啃的骨头，我们各方面的条件又不成问题，那就可以直接解决这个项目。

这么说来，对于直接法没什么可谈的了？不是。因为平时多采用间接法，形成条件反射了，因而每当我们碰到什么问题时，首先考虑的是怎么绕弯子去解决，花费不少的时间和精力，效果还不一定好。比如有一辆大卡车，上面装载了几桶油，要把油都倒到储油池中去。最容易想到的做法是先在卡车与地面之间架起一块滑板，然后几个人连挪带滚把大油桶卸下来，再费劲地抬起油桶往池子里倒。其实这时就非常需要直接法的思维了：目的不就是要把油倒进池子里面吗？用不着卸车，用虹吸管就能轻而易举地解决，何必兴师动众地费那么大的劲呢？

有些例子就体现了直接法的思想。大家都知道，混凝土在运输的过程中若是不搅拌，就可能凝结成块，因此设计水泥罐车的时候就让罐体不停地转动。

综上所述，我们应对直接法有警觉性，在说话做事之前，先问问想要达到什么目的，看能否用直接法，这很重要。

5.2.2 间接法

平时遇到的许多事情想直接简单地办好是困难的，往往需要拐个弯，采取迂回战法。间接法有许多种，下面介绍几种主要的间接法。

1. 变换法

变换法也可以叫迂回战法。变换法是为了达到一定目的，用直接法往往不行，那就果断地变个法儿去做，用一个巧妙的办法达到目的，而且尽量干得漂亮一些。之所以能这样做，是因为世间任何问题的解决都有多种方法，其中有更好一些的，是这种规律在起作用。找到的变换法是好还是次，能显出一个人的智力水平、素质、才能、经验等情况如何，有些人是眉头一皱计上心来，能够妙招连出。变换法的例子很多，到处都能看到，下面就给出一些案例。

在涌水量特别大、水文地质条件复杂的矿山不适合采用先疏干、后采矿的传统技术。通过地下矿山防治水技术研究与开发，采用坑内近矿体顶板灰岩注浆堵水技术进行涌水问题治理，取得了较好的成效。该方法的总体思路是对近矿体顶板灰岩岩溶裂隙进行充塞、密实，将灰岩连接加固形成隔水层，使之形成平行于矿体的倾斜隔水帷幕，防止地下水进入采场。本研究结合实例分析多水矿山地下采矿注浆堵水技术的设计思路、实施方法和应用成效，根据矿床、矿体和矿物特征及矿区水文地质条件，论述了工程布置和钻探注浆工程量统计方法，解析了注浆层安全厚度的确定、顶板注浆堵水工艺设计、注浆方式和注浆段高、压水试验、注浆顺序、注浆参数等注浆技术参数确定原则和方法。

当前，变换法在很多领域被广泛应用。比如声音合成，要用电子设备造出某个人的声音(不是录音)，在时间域实现不容易，但是在频率域却能比较容易地用一些正弦波合成出来。又如，用模拟的方式传输的语音质量不好，用数字的方式进行传输质量就很好；用光纤通信就比用电缆通信要好；直接处理图像就不如把图像进行小波变换后再处理要好……这些都可以视为变换法应用的例子。

2. 变换角度法

大部分变换法，实际是我们对作为对象的事物变换思考角度以后得出的结果。自然界的各种事物存在的形态和运动方式是多种多样、千变万化的，我们的主观感觉也是不同和变化的，这样，即使是对同一个事物，不同的人，其反应也不同。如有这样一个搞笑的段子，说有一个小伙子，在篮球比赛投篮时脚崴了，他用电话告诉了亲朋好友。他妈问他到医院看医生了没有？他女友问他有没有女生搀扶他？他朋友问那个球进了没有？看看每个人关注的角度是多么的不同。一般来说，在从不同角度出发所提出的不同处理事物的办法当中，有的简单，有的麻烦，有的高明，有的将就。因此，我们面对处理对象，不妨变换思考角度，筛选优化的处理方法。比如，在一次矿井开采中，需要修建一条运输矿石的通道，这条道路要穿过一段山脊。由于此批物资较为重要，时间紧、任务重，这条运输道路的修建便成了至关重要的一环。在开始修路时，进度未达到要求。这时一位工程师突然想到，由于位置问题，在一侧修路进度迟缓，但是如果在山脊两侧同时开工，这样便可合理安排人手，加快修路进度。这种瞬间的意识让他产生非同寻常的举动，这就是变换思考角度的威力。可以从各种角度思考和处理问题，下面说一些主要的方法。

(1) 逆向思维法

如果将思维角度变换到与常规的场合完全相反，做法也相反，与对方的意愿对着干，则就是逆向思维法。

比如在中国历史上的楚汉相争时期，刘邦的大将韩信就搞了一次“背水之战”，后世把它奉为经典战法而广为称道。当时韩信率领几万人马去攻打项羽的属国赵国，经过长途跋涉，来到了太行山八大隘口之一的井陉口。赵国军队已经排兵布阵在等候汉军了。看看当时两军的实力，人们不禁为韩信捏一把汗：汉军人马少，士卒大都是新招募来的，战斗力不强，又劳师远征，人马劳顿。而赵军有20万人马，训练有素，又占据有利地形，以逸待劳。这个仗怎么打？韩信没有动摇自己必胜的信念，他根据双方的形势当即采取了两种主要手段：一是派一部分人马埋伏在赵军营盘附近，一旦打起来，占领其军营，乱其军心，瓦解赵军斗志，这是智取；二是把自己的一万人马沿河边扎营，背水列阵。这第二个手段令人费解，不用说它违背了兵书上的原则，就是一般人也能想象到，一旦敌人攻进来往哪儿退，还不都得掉到河里淹死？但是韩信就这么干了。在战斗的进程中，赵军确实往河边打来了，但是汉军没有退却，因为没有退路了，汉军只能重新集结，拼死抵抗，猛烈反击，战事处于胶着状态，赵军一时不能得手。后来韩信用埋伏的军队占领赵营，赵军大乱，韩信乘胜追击，打败了赵国。在这个例子中，常规的看法是背水扎营违背兵书原则，很危险，而韩信则采用逆向思维，它的好处就是不给士卒退路，让他们为生存而拼死杀敌，这就是置之死地而后生。

在日常生活中，做事出现了失败结果，对此就有两种截然不同的看法和行动。一种认为是坏事；一种认为是学费。比如，一个女孩子的裙子被刮了一个小口，正向思维认为是坏事，其行动就是把裙子扔了；而逆向思维却认为这给裙子带来了改变的机会，坏事变好事，后续行动就是做个小花补上去，别的孩子看她的小花好看，说不定裙子没坏也学着补上一个。辩证地从逆向思维看待坏事、好事，最典型的例子就是塞翁失马，因为大家都很熟悉，这里就不讲了。

从以上的例子看，逆向思维法有时能收到意想不到的效果，在正向思维之后不妨有意地进行一下逆向思维，看看有什么结果，有什么优缺点，有可取之处没有。有人对它格外看重，把它凸显出来，作为创新的独立方法来强调、来发挥、来应用，我们也可以这样做。

(2) 换位思考法

这也是思维角度变换法的一种。它是站在别人的立场、从对方的角度来考虑问题。比如三国演义中的空城计，那就是军事家与军事家之间换位思考，外加逆向思维。书上说司马懿领军来到了其宿敌诸葛亮的城前，见城门大开，冷冷清清，一个老兵在城门口扫街，诸葛亮则在城楼上不慌不忙地弹着琴。面对这个场面怎么办？首先司马懿开始了换位思考：若我是诸葛亮的话，我敢放一座空城在那，还能在城楼上悠闲地弹琴吗？更何况诸葛亮一生多谨慎，诡计多端，我上过他多少回的当。城中表面无兵，实则定有埋伏，他这是在设套，让我去往里边钻。再由逆向思维做出决定：我偏不中你的计，不进城。诸葛亮设计空城计也是迫不得已，跟前没兵，只好走一步险棋。在这之前，诸葛亮也必然对司马懿进行过换位思考，知道司马懿中计怕了，已经多疑成性，遇事常往反向想，面对空城他必然认为城里有兵，那么我对你就往反向做——不设埋伏！最后司马懿退兵。我们都知道，这里有不得已和侥幸，如果司马懿验证一下自己的判断，派几个兵到城里骚扰一下，胜负将会正好相反。不过，做事情当中常有幸运助力，这里司马懿偏偏就没有去验证。

上面的例子中，对立双方都进行了换位思考，为什么诸葛亮能胜利而司马懿却失败了？是因为司马懿去换位思考诸葛亮的时候，没有捕捉到诸葛亮的真实想法，因此，结论必然相反。换位思考依据的必须是对方的真实想法，有代表性的想法，这是我们必须要注意的。

再回到现实中看一些例子。

政府秉承着为人民服务的宗旨，站在人民的立场考虑怎样做更有利于人民，以此来改进工作模式和方法，这样的实例随处可见。比如，过去要办个矿业能源开采执照，需要去跑多个不在一起的部门，盖许多章，拖的时间也比较长。现在有关部门集中在一处，只在不同的窗口办一下就行，有的就是一条龙服务。只要符合条件和规定，很快就会办好，即使有问题，也会解释清楚，告诉你下面如何办。快捷、方便、负责的服务受到人民的赞扬。又如，环保部门站在人民的立场考虑，为了减少汽车尾气污染，为人们提供一个清洁的空气环境，提出和促使大家出门尽量骑自行车，为此目的设置了许多自行车租赁站，站间联网，刷卡租、还车，大大方便了群众，人们骑车出行蔚然成风。

企业、商业更需要优先为顾客着想，只有这样才能生存、发展及获得效益。比如有线电视机顶盒生产厂家，考虑有些用户常因为这样那样的原因，漏看了直播的电视节目，就为机顶盒增加了回放功能，这样做也便于人们安排自己的时间，因此受到人们的欢迎，销量也大增。又如，家庭用的钟表做不到特别准确，时间长了就会与标准时间有明显的偏差，现在有的厂家在钟表内增加了自动调节指针的功能，这就避免了用户经常摘下钟表进行手动调针，方便了用户，钟表价格也上去了。还有现在的网上购物、快递送货业务，多么火爆！这就是为用户着想的结果。用户下单付费以后就不用再操心了，就等着在家接货。它节省了用户的时间，不用亲自去跑商店，可以满世界买东西，货比三家，价格一般还比较便宜。因此，网上购物已成为许多人主要的消费形式，这也让电子商务成为收益丰厚的行业。

3. 组合创新法

很多创意是由现实中已经存在的事物组合而成的，这就是组合创新法。这是一种简单、常用又容易见效的办法，当用成熟的技术开发一个新系统的时候，实际上就是在使用组合创新法。这种方法的例子也很多。如目前在矿业开采中，通常根据地点位置、矿井结构、矿物属性、矿井深度等选择合适的开采设备，而不是一套设备适用于各种矿井。在现实生活中，把经常配对使用的橡皮和铅笔组合在一起，就出现了带橡皮头的铅笔。

在进行组合创新时，有时是把有关的东西集成在一起，有时被组合的东西之间则完全无关。

也可以把这种方法拔高成一种独立的创新方法来使用，比如，在创新和开发一种产品时，开始往往没有较多的成形的想法和眉目，这时可以组织一些人，专门就组合法提一些建议，看有什么可用的方法，哪怕获得一些启示也好。

在组合的时候，一般不是两个或多个事物简单地拼接，而且在结构、属性、功能、实用性等方面会有不同程度的质的变化。各个事物之间既保持相对独立，又联系、融合在一起，构成一个矛盾统一体。这样在组合的时候必然会出现一些新的问题，我们在思想上要把它们当成一个统一的新事物来对待，至少在结构安排和外观上要重新设计。有的时候，就是把不同东西的性能糅合在一起，产生了奇妙的效果。十几年前，人工智能技术只是刚刚发展，现在也逐步将其应用在矿业开采中。因此功能扩展法也可以归为此类。

4. 分解创新法

分解创新法是指在解决一个问题或完成一个创意时，想完整地拿下来不容易、有困难，这时候就需要化整为零，拆分成一个个部分来处理，这样反而容易解决，其实际上就是模块法。在分解时，也可以把在短时间内要完成的事情分段并行处理，即在时间上分解，也可以在空间上分解，由多个人并行处理和多占用空间。

比如想要买房子，那需要一大笔钱，若手中没有那么多钱还想马上住上房子，怎么办？显然一下子解决办不到，那就向银行贷款，把集中支付大笔款项变成每月付少量的钱，房子还能马上住上，问题就解决了。其代价就是要多付些利息。这个问题容易明白，但是要求你设计一款矿业工人防护服装走向世界市场，怎么办？想想现在矿业工人服装种类那么多，各种各样的服装琳琅满目，要设计出性能好的服装谈何容易，一般人就不敢再往下想、往下做了。但是不用再过一些年，就是再过一段时间，你就会看到又一款新式的防护服装诞生了，这说明事情是可能的。每当这个时候，试试分解创新法可能就有出路。就拿工人防护服中的裤子来说，笼统地讲要搞出一款别出心裁、出类拔萃的裤子，心里没谱。但是裤子不就是由两条裤腿和一个裤腰组成的吗？再细想一下，裤子所涉及的要素还包括拉锁、饰件、布料、颜色、样式、裁剪、缝制、特性、舒适度和功能等，这等于是把裤子分解了。分解创新法告诉我们，要搞出一款不一般的裤子，就先在每个要素上搞创新，想出新点子，尽量多想，然后再把各个要素的新创意交叉融合起来试试，看有多少款新裤子，都什么样，最后优选出一款加工试销，看看市场反应。

这种方法的创新深度可以在较大的范围内调整、变化。如果是对一个已有的事物进行大拆大改，彻底翻新，对其每个部分都重新考虑、设计，那么整个事物将有根本性改变，有质的飞跃，将变成另外一个新的事物，这是由部分倒逼着整体，出现了大的创新；一般情况下，是对各部分在不同的范围和程度上进行改变，就得到了不同程度的创新结果。

当一个任务确定下来以后，可以首先用分解创新法试试看，看它能分成几个部分，各个部分的属性怎么样，如结构、尺寸、质量、颜色、材质、性能、作用，看看能不能改进一下。这里也有一般的创新规律在起作用：猛地一看想不出有什么改进的地方，再细想想就有了，而且越深挖越多。前面也曾经说过，可以把一些常见的属性列个表，一筹莫展的时候可以用查表法，对着表一条一条地审视，看有没有可以入手的地方。其实用不着死记，你随便在眼前找两个物件，抽出它身上的属性差不多也就够了。至于对整体事物的评价，应包括使用性、经济性、可靠性、安全性等。

5. 动中思

我们经常有这种体验，一直坐在那儿不动思考，效率反而不高，还感觉到很累。而一边溜达一边思考，新想法会不断地冒出来，思考也比较持久。

人们在思考时，首先是脑子转、眼睛转，这是最基本的动作。身体其他部位动不动不是本质性的因素，但确实对思考有帮助。不用说大动作，就是动一下头，眨一下眼，脑中的场景就被打断一次，甚至被换了一下“影片”。后面我们还要讲到，人脑中既有显意识，又有潜意识，两者在时间上往往是错开工作的，即分时工作。因此，身体的动作在显意识流上打断出一些空档，这正好可被潜意识利用，而潜意识往往能提供一些新的创意。不光如此，生理学的实验也证明，肌肉的伸缩也能刺激大脑兴奋。

学生一般是坐在课堂中听课的，但恐怕没有一个教师会要求学生纹丝不动，学生除了记笔记、喝水之类的自主动作以外，教师还尽量与学生互动，让学生举手、问答等，这些都是保证学生有效思考所必需的。因此一边思考一边有大小不等的身体动作，那是应该的、正常的，是符合思维规律的。常常是不得不动中思，否则就太累了。

6. 闹中创

闹中创，就是在玩闹的心态或环境中搞创新。不是说创新都要这样，它只是创新模式的一种。打个比方，在戏剧里，包公总是一脸肃杀之气，而济公常是嬉皮笑脸，后者在闹中同样做到了惩恶扬善。再如马戏团的小丑，他在拉小提琴时，有时是躺着拉，有时是在背后拉，有时是在胯下拉等，花样繁多又不失水准，实际上他在闹中所表演的技艺常常不比正正经经的演奏家差。

创新也是一个大舞台，同样一件事，在其上可以演成花样年华，也可以演成苦痛年华。首先是目的或愿景不同，导致态度及心情不同。比如台灯坏了这件事，甲觉得我不能买新的，尽量修修吧，我得省钱凑够买新房的首付款，买新房的愿景让他心情愉快地去修理台灯；乙只有消极的愿景，觉得这个台灯与我房间不配，早就该扔了，然后气急败坏地把台灯摔在地上，并说："坏吧，彻底坏吧！"这种情况还能有闹中创吗？而甲一边哼着小曲一边检查着台灯，把台灯当成病人对待，还不时地与它交流着、互动着。要想闹中创，光有心情还不行，还要有功底。试想甲对电气一窍不通，能闹得起来吗？

这里，我们不能不提到最近出现的一种"闹中创"形式的创新方法，这是在互联网上以参加游戏的方式来开展科学研究的。一提起科研，在人们的印象中觉得那是由少数高级人才关在楼里做的事情，干的时候呈现出严肃、艰苦的状态，像是在困难中挣扎一样。现在说的这种方式可以让世界上许多人，不管是专业的还是非专业的人员，在网上同时研究一个课题，而且一边玩一边就搞出了科研成果。要想这样做，首先需要把科研项目设计成一种游戏，在网上建立一个在线游戏平台，从科研的角度说它实际上是个仿真实验平台。对这个平台的要求是：它不但能如实地仿真科学研究的进程，而且要有趣，能吸引玩家们参与，寓创于乐。显然，建立平台的人不但要精通专业，而且应该是玩电子游戏的高手。建立这个平台本身就是一种创新，而且是把科研和网上游戏组合起来的创新。

现在网上已有多种用于科研的在线游戏平台，其中尤其以生命科学方面的游戏平台最为典型。

以前，有一个有名的网上游戏 Foldit，玩的内容实际上是试着设计各种蛋白质的 3D 结构。该游戏曾经吸引了 5 万多名玩家，他们大多不是专业人员，玩玩而已，然而效果却是惊人的，玩家们在 3 个星期内便能模拟出一种逆转录病毒蛋白酶，而该领域的科学家曾经用了 10 年的时间来解码这种病毒。

后来网上又出现了著名的 EteRNA 在线游戏。它是由美国斯坦福大学和卡内基梅隆大学的科学家们设计的。从设计上看，它有点像"宝石迷阵"或"俄罗斯方块"这类休闲游戏，游戏的内容就是通过点击，试着把各种颜色的小方块重组。这种重组的过程实际上是在仿真设计核糖核酸（RNA）的分子，以便创造蛋白质。那些小方块就是构建 RNA 的物质——核苷酸,对其进行自由的组合,就是试着构建各种各样的 RNA 分子。这个游戏吸引了几万名玩家参与其中,也就是说,有这么多的社会上的人参与了这个科研。这个游戏还规定了激励制:谁玩得好,谁的排名就靠前,比如,一个学过天文物理专业、现在管理跑鞋存储的人就排名第二;同时,斯坦福大学还选出一些名次靠前的方案,真正到实验室去试着实现一下,看合成的分子在现实中有怎样的性能,研究人员根据实验数据再优化设计。这个游戏还真玩出了名堂,其学术价值得到了认可,在一期《美国国家科学院院报》上刊登了这个游戏的第一个论文成果,该论文是《海量公开实验室所得 RNA 设计规律》,论文的署名中就包括了 3 万多名参与的玩家,其中只有10%是职业科学家。

这种闹中创,是巧妙地利用互联网而产生的一种新的科研方式,它有如下的优点:

(1) 集中民众智慧搞科研,真正做到大众创新。人们都爱玩,据"愤怒的小鸟"这个游戏的开发者估计,全球每天只是玩这个游戏的人总共花费的时间就约为 2 亿分钟。多么大的资源啊!以前玩过以后,除了获得乐趣和成就感以外,就是打发时间。如果把其中的一部分群众智慧和时间用于闹中创,搞科研,那将会产生多大的效益啊!闹中创不但能保证个人的乐趣、成就感,还能获得学术上的重大成就,为人类做出贡献。

(2) 人多想法多,就有择优的余地;有最强的大脑,就能得到高质量的科研成果。

(3) 改变了科研的苦累状况。闹中创者,能把创新场所变成科学乐园,创造着,快乐着。他们能像雕塑家那样随心所欲地拿捏着泥人,也能像木偶演员那样,与木头人融合在一起。

7. 借鉴军事思想

自然科学的科研过程好比是人对学术的战争过程。既然是战争,就要有目标,就必须要打赢。在这场战争中,我们要攻克的是科学"堡垒",对象是物,但主角却是人,我们既是战斗员,又是操控自己的指挥员。胜败的决定因素是人的精神状态、素质和智慧。我们可以借鉴许多军事思想,比如,矛盾论理论的运用,分析矛盾各方既联系又排斥的状况,以便制定战略、战术,利用矛盾,抓主要矛盾;在战略上要藐视敌人,在战术上要重视敌人,愚公移山;找"三大法宝"的思想;饭要一口一口地吃,分割包围,各个击破,集中优势兵力打歼灭战、连续作战的思想;不打无把握的仗,先打孤立无援的弱势之敌,采用迂回战法;根据地的思想,走群众路线,开诸葛亮会等等,都可以活学活用。

关于具体的创新方法就讲这些。我们这里并没有死板、教条地去细分创新的技巧，因为没有必要。我们面对的环境和局面往往是“兵无常势，水无常态”，因而解决问题的方法也没有一定之规，我们只能因势利导，随机应变，临场发挥，在需要的时候，奇思妙想就会自然地冒出来，在做的时候就觉得这样干行，应该这样干。当然，也可以事先想得周全一些，对形势的估计尽量地符合实际情况，办法和方案多准备几套，以防情况有变。一般来说，很少有人在创新之前先把采用什么特定的方法放在第一位，率先考虑的应该是目标。

当然，如果能把一个个细碎的办法都记住更好，处理问题时就会多一种参考。更主要的是觉得自己的办法多、底气足，就更容易解决问题。但是从前面的例子看，每件事情常包含多种处理手段，每种处理手段也不是使用单一的方法，往往是几种方法的组合，到底采用什么方法，还是由最终的目标所决定。

5.3 理论与实践的关系

5.3.1 理论的含义

理论就是人类在认识世界和改造世界的过程中所获得的全部系统知识。比如，在认识世界时所获得的关于事物的组成、属性、存在的方式和形态、事物之间的联系、事物的运动方式和规律等知识；在改造世界时所形成的关于目的、想法、策划、行动、方法、过程、结果、运行、经验与教训等知识。这里的“世界”包括自然界、人类社会及人类个体。显然是有人类才有理论，没有人类，虽然自然界仍然在那里存在着，按照自己的规律运动着，但没有了知识的主体，哪还有什么理论？

理论不会总在人的脑子中停留着，人们会把部分理论记录下来，记录的主要媒介有纸张、磁带、磁盘、光盘及半导体存储器等。人脑可以随时把知识存入媒介，也可以随时将知识从媒介调入脑中。把理论记入媒介非常必要，只有这样才能使理论在空间上扩散，在时间上延展，从而促进理论的传播，使理论有发送、有接收、有复制、有学习。此外，创新往往是在别人或前人的知识成就之上进一步发明、发现的结果，正因为理论的扩散和延展，才能跨越空间和时间动员众人的创新意识，使创新遍地开花，使人类社会能够存续和发展。

对于我们，最重要的记录媒介就是书籍，写书就是记录和创造知识，读书就是选择和往脑中调入知识，因此也常把书本上的知识认为是理论。

理论往往是由具体的人筛选、处理和编排才记录在媒介里的，由于每个人都有自己的立场、观点和目的，再加上各人的条件和才能限制，这就使记录在媒介上的理论都打上了个人的鲜明印记，因此许多书都会或多或少地存在这样那样的问题。这里主要是要强调,当我们把书籍变换成活的理论时,即读书的时候,应该进行研究型学习,要彻底搞透,看穿其实质,批判性地接收。我们不可轻率地否定一切,也不可尽信书。

书籍对于人类及对于个人的意义和作用是不一样的。全部理论是由人类,即由许多人共同创建的,但是对于一个具体的个人来说,他所知道的、所掌握的只是其中的一点点。一个人想掌握全部理论是不可能的,也没必要,只能是需要时再检索、再学习。至于理论的基本存量要多少合适,那就是下面要讲的“博”的问题。

5.3.2 理论与实践的关系及其具体应用

创新工作应以实践为核心,出成果是硬道理,创新要驱动发展。这样,面对着眼前活生生的实际,我们首先应体察它、分析它、学习它。那么怎么去学习实际呢?仿照书本学习的做法,要搞清实际事物的存在形态、组成要素、属性、存在条件、运行原理及规律、各部分间制约和依赖的联系、整体的性能、作用和前途、形成的方法、操控的因素和手段等,要从各个角度去考察它。如果还有没搞清楚的地方,则可以动用解决问题的创新思维套路去对付它。这样就能比较详细、全面地了解和把握它,同时对它也会产生一些问题和揣测。这实际上是把实际事物理论化,并放于脑中。而与实际有关的书本知识已经通过研究型学习变成脑中的知识,再加上脑中已有的先验相关知识,这样几种知识形式相容、目标一致地集合起来,在脑中构建起创新思维空间。下面就需要我们给出想要达到的目的和目标,然后在这个空间里动用一切创新思维方法和手段,拿出新点子。接着,思想再跳到实践中去验证,对的采纳,错的丢弃。对于丢弃的情况,我们也没有白干,因为又增加了新的知识。这时,思想要再回到创新思维空间去,用增加的知识修改这个空间,接着寻找新的创意。就这样反复进行,思想跳来跳去,脑中的理论和眼前的实践活动协同工作。由此可见,理论和实践是共存于创新之中的,理论指导实践,实践中又(必须)产生出新的理论,即实事求是,刚产生的理论与其他理论一起指导实践,按照这样的程式进行下去,理论和实践相辅相成,共同完成实践的创新目标。一边实践,一边一定要通过分析、体会、总结、抽象去摸索和整理理论,实践完成了,新的完整理论也诞生了。没有理论的实践,将陷入经验主义;不结合实践的理论,将是教条主义的,两者不可偏废。

将以上的意思概括一下,那就是在做事情的时候,把它当成“学问”来做,而不是凭经验或简单的直觉反应来懵懵懂懂地瞎撞蛮干。这里的“学问”包括科学的理论和实践,一般以实践为主,以解决问题为宗旨,构建创新实践和理论相结合的体系,在这个体系中开展活动,不是玩理论,空喊和空想都不行,只有把人卷入一个实际事情当中，才能有创新。这一点特别重要，因此突出强调一下。在这个过程中，学习书本是学习，使用也是学习，而且是更重要的学习。在干中学，是开拓中的主要学习形式。

以上说明的理论与实践结合的机制，实际是一种优化过程，在理论的指导下，实践由开始的粗放性操作逐渐演变成精细的操作，事情的发展也逐渐向我们所期望的目标靠近。

实际中的事物，有的是有影有形、看得见摸得着的，也有的是意识形态领域的，或其他的抽象事物，如数学上的定理推导，编制的计算机软件，写的小说、音乐谱曲等，它们本身就是作品，最终要与实践发生关系。在这种情况下，也存在着理论和实践的结合问题。

在理论与实践的结合上，毛泽东同志可谓是这方面的光辉典范。看看马克思的著作、列宁的著作，再看看《毛泽东选集》，就可以知道，毛泽东在革命战争中的每个阶段，都用马克思列宁的科学共产主义思想和方法来分析中国当时的形势，对复杂纷乱的局面都能清晰地理出头绪来，并根据中国的实际建立起严谨、科学的革命理论，再用这些理论指导革命实践，产生了强大的威力，使革命一步步地取得成功。他的工作令人赞叹，我们在科学研究中也应该学习他的思想和方法来进行开拓创新。

5.4 创新方法

5.4.1 类比推理法

类比是人类思维的一个基本特征。在我们日常认识事物的过程中，常常会自觉或不自觉地从两个事物的一个或数个相同点或相似点推想其他的相似点，从而对事物的一些未知的属性做出推断，这就是类比推理。

类比推理在人们认识世界和改造世界的过程中，具有非常重要的意义。类比推理既是人类认知的核心，又是人类与生俱来的能力，人类的任何认识活动，都离不开类比推理，它是人类认识客观事物的基本方法。在创新活动中，若需要新事物具有一定的属性或特点，那么，我们可以找到具有相同或相似属性的其他已有事物，将决定该属性的形状、结构、原理综合运用于我们需要的、正在创新的事物上，从而解决问题。

1. 类比推理简介

类比推理，就是根据两个事物之间在某些方面的相同或相似之处，推论出它们在其他方面也可能相同或相似的一种推理。类比推理的客观基础是两个类比事物之间相似性的发现，并由此及彼地迁移相似点或相似关系。因此，相似性及由此产生的可比性是类比的生命所在。

若以"A"和"B"表示类比的两个或两类事物。A 和 B 或是指不同的个体对象，比如地球与太阳；或是指不同的两类对象，比如植物类与动物类；或是指不同的领域，比如宏观世界与微观世界。再以"a""b""c"等表示相同或相似的属性或方面，类比推理的基本原理可以用下列模式来表示：A 事物具有属性 a、b、c，另有属性 d；B 事物具有属性 a、b、c。因此，利用类比推理，B 事物有可能具有属性 d。

通常，A 事物是被类比的事物，是我们熟悉的事物，逻辑学称之为类比物或类比原型；B 事物是我们希望说明或需要深入认识的事物，称为认识模型。并且 A 事物与 B 事物在一些方面或属性上具有相似性。类比推理就是在类比事物与需要认识的事物之间进行的某种推理活动，这种推理活动通过类比事物与需要认识事物之间的类比，获得对需要认识事物的知识。在类比推理过程中，如果发现所揭示的属性 d 鲜为人知，或由此悟出新的设想，便意味着这个类比推理产生了创新的功能。

2. 类比推理特征

客观世界是一个多与一的矛盾统一体，因此，在一个事物与另一个事物、一个类别与另一个类别、一个领域与另一个领域之间，都存在着一定的共性。世界上一切事物之间，不论是相近的事物之间，还是处于不同发展阶段的事物之间，都可能存在着某种程度的相似性。自然现象及其规律的这种统一性和它们的相似性，就是类比推理的客观依据。

(1) 类比推理是从个别到个别

类比推理是通过比较不同事物的某些方面或属性相似，从而推导出另一方面或属性也相似。它既不同于演绎推理从一般推导到个别，也不同于归纳推理从个别推导到一般，而是从特定的事物或领域推导到另一特定事物或领域的推理方法。类比推理可以在一类个体对象与另一类对象之间进行，却不能在一类与该类所属的个别对象之间进行。类比推理只能在两个不同对象或两个不同领域中进行。

世界万物又相同又不相同，总是同中有异，异中有同。这种同中之异和异中之同就是事物的相似性。事物间不管差别有多么大，总是具有相似之处。有了这种相似性，我们就可以根据它去认识事物之间的联系：可以从相似的原因或结果寻找相似的结果或原因，可以从相似的构造认识相似的功能。总之，运用相似性，进行类比推理，可以从已知的事物认识新的事物。类比推理既可以同类相推理，又可以异类相推理。但是，类比推理是由特殊到特殊的推理。类比推理的客观基础是事物之间的相似性。由于类比推理是在两个或两类事物之间具有一定相似性的关系下进行的,它的前提和结论都是关于个别事物的断定,它是一种从个别到个别的推理方法。

类比推理的一般步骤是:首先,找出两类事物之间可以确切表述的相似特征;其次,用一类事物的已知特征去推测另一类事物的特征,从而得出一个明确的命题(猜想);最后,检验推理是否正确。类比推理因为是从特殊到特殊的推理,所以必须寻找事物之间共同或相似的方面,类比方面的相似性越多,相似的性质与推测的性质之间的关系越密切,类比推理得出的结论就越可靠。

(2) 类比推理的结论不一定可靠

类比推理的结论具有或然性,可能真,也可能假。尽管类比推理的前提是真实的,但并不能保证结论的真实性。这是因为,A 和 B 毕竟是两个事物,它们尽管在一系列属性上是相同的,但仍存在着差异性,这种差异性有时就表现为 A 对象具有某属性,而 B 对象不具有某属性。比如,种瓜得瓜,种豆得豆,但是种鸡蛋并不能得到鸡蛋;牛奶是液体,可以干燥成为奶粉,但同样为液体的汽油不能干燥成粉。所以,类比推理是一种不严格的推理,类比推理的结论仅仅指明两个类比事物之间,在某些方面或属性上具有相似性,但这种相似性的结论不具有必然性,而只具有或然性。因为类比推理的结论并不能保证一定正确,需要通过证明或实践去检验。

类比推理不严格是类比推理错误的原因之一。这个特点既是类比推理之所短,也是它之所长。类比推理之所长是可以触类旁通,启发思路;它之所短是因为在科学研究和生产实践活动中,需要严格的推理,没有严格的推理,科学的理论大厦不可能建立起来。如何提高类比推理结论的可靠性呢?主要取决于以下三点:第一,类比前提中确认的相同方面或属性越多,结论的可靠性程度就越大;第二,类比前提中确认的相同的本质属性越多,结论的可靠性程度就越高;第三,相同属性与要推出的属性之间的联系越是紧密,结论的可靠性程度就越高。

3. 类比推理的作用

类比推理在人们认识新事物、解决新问题的过程中,或者在以简单的道理说明抽象事理的过程中,都发挥着重要的作用,具有不可低估的应用价值。

(1) 类比推理是探索真理的重要手段

类比推理是在已有知识的基础上,进一步发展的一种科学有效的探索方法,在人类探索真理的过程中具有开拓思路、提供线索、举一反三、触类旁通的作用。类比推理在探求新事物的发展规律、建立事物间联系的过程中,发挥着极其特殊的作用。

(2) 类比推理是一种有益的推理方法

由于类比推理是不同于演绎推理或者归纳推理的一种独特的推理方法,因此,它可以在归纳和演绎无能为力的地方,发挥其特有的效能。这是因为,归纳、演绎和类比推理虽然都是推理的方法,都是从已知的前提推出结论,而且结论都要在不同程度上受到前提的制约,但是,结论受前提制约的程度是不同的,其中,演绎的结论受到前提的制约最大,归纳的结论受到前提的限制次之,而类比推理的结论受到前提的限制最小。因此,类比推理在科学探索中发挥的作用最大。在科学发展的前沿阵地,由于探索性强,资料奇缺,类比推理的应用尤其重要。类比推理是人们经常应用的一种推理方法,它可以帮助人们寻求解题思路,猜测问题答案或结论。

(3) 类比推理为仿生学提供了理论基础

自然界的动植物,它们的生长都极为巧妙,它们是孕育出新事物、新方法的好样板。当人类还在蒙昧的早年时期,为了生存繁衍,人类便开始模仿大自然,利用类比推理,从自然界万事万物身上吸取有利于自己生存的优点,用来武装自己,改变命运。人类对自然的模仿,正是建立在类比推理的理论基础之上的。正是利用类比推理,人类在模仿自然中逐步产生了现代文明。

20 世纪 30 年代出现的仿生学,就是专门研究生物系统的结构和功能,并将生物的某些特征应用到我们的创新之中,以创造先进技术装置的新学科。考察人类文明史,我们可以发现,人类许多重大的创新,都是模仿生物的结果。虽然,人类利用仿生学原理已经发明了无数的生活用品、生产工具、科学仪器,但生物界的生物种类如此浩繁,它们永远吸引着我们去研究、去模仿,从中进行新的创造。

(4) 类比推理是培养智力的手段之一

在智力培育中,类比推理是一种十分有用的手段。一个人能否广泛而又恰当地运用类比推理,是衡量其创新能力的标志之一。近年来,类比推理因其考察形式新颖、对推理能力要求较高,逐渐成为公务员考试的"新宠"。在国家公务员"行政能力测试"中,有一种类比推理题型,在其形式结构中题干所列的一组事物或概念之间具有某种因果关系或属性关系,要求在选项中进行类比推理,寻找到与题干关系相似的一组最佳答案,其过程就是一个由题干类比推理出选项的过程。

5.4.2 检核表法

1. 检核表法简介

在考虑某一问题时,先制成一览表,对每个项目逐一进行检查,以免遗漏要点，这是我们经常做的事情。例如，准备去长途旅行，我们可以预先列出需要携带的物品清单，在出发之前，按照清单逐项检查核对物品。这就是我们日常应用的“检核表法”。用于创新活动的检核表法，不仅限于用来防止考虑不周造成的遗漏，而且要用检核表逐项核对，得到利于创新的新设想。

检核表法是对需要创新的事物进行分析、展开，以明确问题的性质、程度、范围、目的、理由、场所、责任等，从而使问题具体化，缩小到需要创新和探索的范围。检核表法引导人们根据检核项目的一条条思路来求解问题，以达到周密思考的目的。也就是说，我们根据研究对象的特点列出有关问题，形成检核表，然后一个一个地来核对讨论，从而发掘出解决问题的大量创新设想。

美国创造学家奥斯本于1941年出版的《思考的方法》一书中，提出了世界上第一个创新方法——头脑风暴法。同年，他又出版了《创造性想象》，提出了奥斯本检核表法，此书销量达4亿册。奥斯本发明的检核表法又称设想提问法或分项检查法。奥斯本检核表法应用面极广，几乎适用于所有类型与场合的创新活动。因此，这种方法是最有名气，也是最受欢迎的一种创新方法。

2. 奥斯本检核表法的实施步骤及注意事项

运用奥斯本检核表法进行创新活动的实施步骤和注意事项如下。

(1) 实施步骤

① 根据创新对象明确需要解决的问题。

② 根据需要解决的问题，参照表中列出的问题，运用丰富的想象力，强制性地一个个核对讨论，写出新设想。

③ 对新设想进行筛选，将最有价值和创新性的设想筛选出来。

(2) 注意事项

① 要联系实际一条一条地进行检核，不要有遗漏。

② 要多检核几遍，这样效果会更好，或许会更准确地选择出所需创新的方面。

③ 在检核每项内容时，要尽可能地发挥自己的想象力和联想力，产生更多的创新设想，进行检索思考时，可以将每项问题作为一种单独的创新方法来运用。

④ 检核方式可根据需要而定。比如，1人检核可以，3～8人共同检核也可以。集体检核可以互相激励，产生头脑风暴，更有希望创新。

⑤ 检核内容没有固定的顺序，也可先对研究对象进行改变，比如，扩大或缩小、调整或颠倒，之后再进行组合，即先经分步改革后再进行组合。

3. 检核表法运用案例

检核表法的逐项提问思考有利于突破人们不愿提问的心理障碍，可以使创新者尽量集中精力朝着提示的目标进行有序思考。使用检核表法进行创新的方式可以灵活多样,检核内容可做适当改变。虽然奥斯本的检核表包含九大内容,但具体使用时应灵活掌握,要根据创新活动的主要目的,结合创新对象的具体特点以及已发现的难题来设计检核表。检核表的设计应具体些,除了将设想填写在检核表上外,还应附有详细的说明,必要时应画图,以便于筛选者能够了解创新者的本意。

4. 检核表法的适用范围

奥斯本检核表法的优点很突出,其应用范围广,容易学,深受人们的欢迎,是一种效果比较理想的方法。它使思考问题的角度具体化了。当然,运用此方法时,还要注意几个问题。第一,它要和具体的知识经验相结合;第二,它只是提示了思考的一般角度和思路,思路的发展还要依赖人们的具体思考;第三,运用此方法时还要结合创新对象(方案或产品)来进行思考;第四,运用此方法,还可以自行设计大量的问题来提问,提出的问题越新颖,得到的设想越有创意。

奥斯本检核表法也有缺点,它是改进型的创意产生方,即人们必须先选定一个有待改进的对象,然后在此基础上再设法加以改进。它不是原创型的,但有时候它也能够产生原创型的创意。比如,把一个产品的原理引入另一个领域,就可能产生原创型的创新。

5.4.3 TRIZ 法

1. TRIZ 法的概念

"TRIZ"一词是俄文"发明问题解决理论"的首字母对应转换为拉丁字母的缩写,英文名称为 theory of inventive problem solving,中文音译为"萃智"。自从 1946 年以来,以苏联发明家 G. S. Altshuller 为首的专家,经过对 250 万份专利文献的研究发现,一切技术问题在解决过程中都有一定的模式可循,可对大量好的专利进行分析并将其解决问题的模式抽取出来,为人们进行学习并获得创新发明的能力提供参考。

2. TRIZ 法体系结构

任何问题的解决过程都包含两个部分,即问题和存在问题的系统。成功的创新经验表明,问题的分析和系统的转换对于解决问题都是非常重要的。因此,TRIZ 法方法论包含用于问题分析的工具、用于系统转换的基于知识的工具。图 5-1 为 TRIZ 法理论的基本体系结构,可分为理论基础、分析工具、基于知识的工具和结论四个组成部分。当初步了解了 TRIZ 法后,本图会帮助我们形成整个系统的概念。

(1) 理论基础

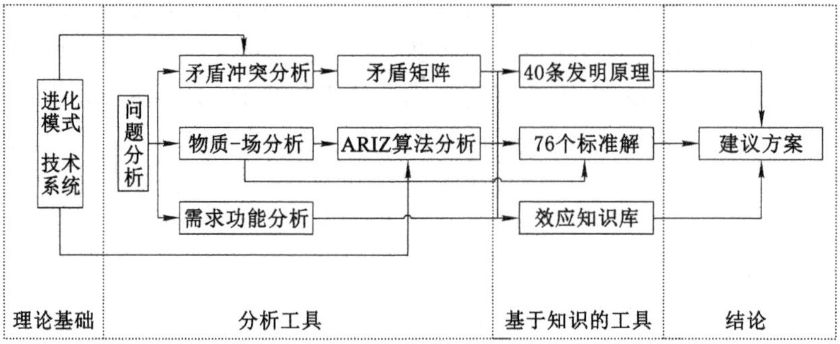

图 5-1　TRIZ 法理论的基本体系结构

技术系统的进化模式是 TRIZ 法理论的基础，该模式包含用于工程技术系统进化的基本规律，理解这些模式可以帮助人们形成对问题发展轨迹的总体概念，得到其发展前景的正确判断，从而增强人们解决问题的能力。任何领域的技术产品都与生物系统一样，存在着产生、生长、成熟、衰老和灭亡的产品进化规律，掌握了这些进化规律，人们就能能动地进行产品的创新设计开发并能预测产品的未来趋势。就像伴随着人类历史发展的计算技术一样，先是算盘的发明、推广和广泛运用，达到珠算技术的成熟，但随着计算机的出现，由于技术有了革命性进展，算盘技术也就走向衰老和灭亡。

(2) TRIZ 法问题分析工具

问题的分析是 TRIZ 法解决问题的一个重要阶段，包括功能分析、可用资源分析、理想解的确定、矛盾冲突区域的确定等，TRIZ 法问题分析工具提供了对问题的辨认和形式化的方法，对问题的分析并不是要利用问题的每一条信息，而是用一些特殊的方式，如矛盾冲突分析、物质-场分析、需求功能分析等来表示和描述所需解决的问题。

① 矛盾冲突分析

TRIZ 法理论认为，发明问题的核心是解决矛盾冲突，未解决矛盾冲突的设计不是创新的设计。产品进化过程就是不断解决产品所存在的矛盾冲突的过程。随着一个矛盾冲突的解决，产品将进入一个新的状态。在设计过程中不断地发现并解决矛盾冲突，是推动产品向理想化方向进化的动力。

产品设计和进化中的矛盾冲突是不可避免的，如何描述矛盾冲突并解决这些矛盾冲突，是问题解决的关键。TRIZ 法理论归纳整理了 39 个通用工程参数，用于对工程设计中的技术矛盾冲突进行描述，并通过这 39 个工程参数构造了矛盾冲突矩阵，来引导设计者正确选用 TRIZ 法 40 条发明原理。

② 物质-场分析

TRIZ 法理论认为，产品的所有功能都可分解为两种物质和一种场，即产品的每一种功能均由两种物质及一种场组成。产品是功能的一种实现，因而可用物质-场模型(如图 5-2 所示)来分析产品的功能。

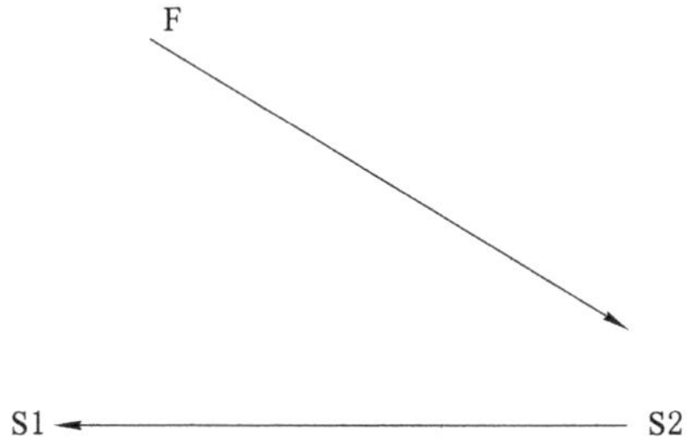

图 5-2 物质-场模型

在图 5-2 所示的物质-场模型中，S1 和 S2 为物质，F 为场。物质 S1 可以是被控粒子、材料、物体或过程，物质 S2 是控制物质 S1 的工具或物体，场 F 是用于实现物质 S1 与物质 S2 之间相互作用的能量，如机械能、液压能和电磁能等。物质-场模型可解释为：能量场 F 作用于工具物质 S2，通过物质 S2 对物质 S1 进行各种形态或功能的变换。以蒸汽机为例，热能作用于物质水，使水成为蒸汽，蒸汽作用于活塞，活塞运动，形成了蒸汽机的机械运动，即此时热能转化为机械能。

③ ARIZ 算法

ARIZ 是 TRIZ 法的一种主要分析工具，是一种解决发明问题的算法，该算法采用一套逻辑过程逐步将初始问题程式化，将矛盾冲突与理想解进行程式化处理，使技术系统向着理想解的方向进化。对于初学者来说，这部分内容可以稍后学习了解。

TRIZ 法理论认为，解决一个问题的困难程度取决于对该问题的描述或程式化方法。问题描述得越清楚，问题的解就越容易找到。发明问题的求解过程就是对问题的不断描述、不断程式化的过程，经过这一过程，初始问题中最根本的矛盾冲突就会被清楚地暴露出来，问题能否求解已经变得很清楚。在 ARIZ 中，矛盾冲突的清除可应用已有的知识，也可通过效应知识库来支持。若已有知识不能作用于该问题，或经过分析与效应的应用后特殊处理的问题仍无法求解，则认为初始问题的定义有误，需要对问题进行更一般化的定义。当然，也有可能该问题目前尚无法解决，需要等待自然科学或技术的进一步发展。

④ 需求功能分析

需求功能分析的目的是从完成功能的角度而不是从技术的角度来分析系统、子系统或部件。功能分析过程包括系统功能裁剪的过程，即研究每一个系统功能是否必需，如果必需，系统中的其他元件是否可完成其功能。系统设计时的重要突破、成本或复杂程度的降低，往往是系统功能分析以及系统功能裁剪的结果。

(3) 基于知识的问题解决工具

在 TRIZ 法中，基于知识的问题解决三大工具为 40 条发明原理、76 个标准解和效应知识库。TRIZ 法的这些工具是在收集归纳人类创新经验和大量专利的基础之上发展起来的。基于知识的问题解决工具与问题分析工具不同，前者指出了问题解决过程的系统转换方式，而后者则用于改变问题的描述，即把一个具体问题抽象为 TRIZ 法定义范围内的问题。

TRIZ 法提供的 40 条发明原理，指导 TRIZ 法的使用者找出用于解决技术矛盾冲突的方案，每一种解决方案都是一个建议，应用该建议可以使系统产生特定的变化以消除存在的技术矛盾冲突，如表 5-1 所示。40 条发明原理被使用的频度有大有小，记住频度大的几条发明原理，可直接用于解决发明问题，这是一种捷径。

表 5-1　TRIZ 40 条发明原理

序号	原理名称	序号	原理名称	序号	原理名称
1	分割	15	动态特性	29	气压和液压结构
2	抽取	16	未达到或过度的作用	30	柔性壳体和薄膜
3	局部质量	17	空间维数变化	31	多孔材料
4	增加不对称性	18	机械振动	32	颜色改变
5	组合	19	周期性作用	33	均质性
6	多用性	20	有效作用的连续性	34	抛弃或再生
7	嵌套	21	减少有害作用的时间	35	物理或化学参数改变
8	重量补偿	22	变害为利	36	相变
9	预先反作用	23	反馈	37	热膨胀
10	预先作用	24	借助中介物	38	强氧化剂
11	事先防范	25	自服务	39	惰性环境
12	等式	26	复制	40	复合材料
13	反向作用	27	廉价替代品		
14	曲面化	28	机械系统代替		

5.4.4 提喻法

美国麻省理工学院的威廉·戈登教授在长期研究和实验的基础上，提出了一种独特的利用外部事物，通过不同事物间的类比，启发思考，进行创新活动的方法——提喻法，或称为综摄法、分合法、集思法。提喻法是从心理上激励创新的最有力的方法之一。这一方法在美国和欧洲应用相当广泛，在日本也相当普及。人类的知识已庞大到惊人的地步，这就驱使人们去开发各种高效率利用知识的创新方法。提喻法是一种典型的类比类创新方法。

1. 提喻法简介

提喻法这个词的原文“synectics”是希腊语，意思是把不同的、看上去不相干的因素联系在一起。Synectics 法的核心是类比，所以中文译作提喻法，我国台湾学者将其译为综摄法或举隅法，也有学者译为集思法或群辩法。1944 年，戈登在波士顿郊外的剑桥，以自己为核心成立了一个理论创造和方法开发小组，他们称之为 Synectics 组。戈登认为：“从心理上洞察和分析以前伟大发明家的创造过程，类比和类比推理才是对创造开发最重要的观念。”

2. 提喻法的原理

戈登发现，当人们看到一个外部事物时，往往会得到启发思考的暗示，进行类比和类比推理。而这种类比和类比推理与日常生活中的各种熟悉、已知的事物有紧密的关系。提喻法就是以已知的日常生活中的各种事物为媒介，将毫无关联、不同的事物要素结合起来。提喻法主要依据的是以下三个基本假设。

(1) 人类的创新过程是可知的，是能够具体描述的。如果人们理解他们进行创新活动的心理过程，而且能将正确的描述应用于数学，那么个人或小组的创新效率会大大提高。

(2) 创新作为文化现象，在艺术与科学中是相似的，而且都可以用同样的基本心理过程来表征。在任何一种创新过程中，情绪因素比理智因素更重要，非理性因素比理性因素更重要。而且，这些情绪因素和非理性因素都是可以理解的。

(3) 在创新活动中，人的创新能力主要来自潜意识，而且处于潜在(封闭)状态的创新能力是可以被开发的。提喻法是一种理论化程度高、技巧性强、效果显著的创新方法，通常此法以小组讨论的形式进行，但个人也可以使用。

提喻法一般由不同知识背景、不同气质的人组成跨学科小组，相互启发，集体攻关。它的成员体现了跨学科、超领域、广泛交叉渗透与综合的特点，可以充分发挥不同学科背景小组成员的类比想象力，这是提喻法得以大展身手的重要源泉。入选跨学科小组的标准最重要的是情绪素质，而不是智力素质，情绪素质是创新成功的关键所在。小组成员应具有较高的概括能力，应敢作敢为、具有童心等，最重要的是隐喻能力要强，能自觉地、灵活地运用类比与类比推理。例如，有个小组，其成员包括一个对心理学有兴趣的物理学家、一个机电工程师、一个对电子学有兴趣的人类学家、一个兼有工业工程基础的书画艺术家、一个有些化学基础的雕塑家，这十分有利于产生大量新颖丰富的创新设想。

3. 提喻法的基本原则

提喻法的核心是高度自由的类比想象。戈登认为，联想与类比是实现从已知到未知的有效办法。因此，本教材前面已介绍和训练的各种类型的类比和类比推理，是实施提喻法时不可或缺的。为了摆脱旧框框的束缚，开阔思想，人们在探索创新时，必须有一段时间暂时抛开原来想要解决的问题，通过类比探索得到启发，因此，“变陌生为熟悉”和“变熟悉为陌生”是必需的条件。

(1) 异质同化。异质同化，即“变陌生为熟悉”。在创新没有成功前或问题没有解决前，人们对所要出现的创新事物还是不了解的、陌生的。然而，人们熟悉现有的各种事物。为此，在创新时可以借助现有的熟悉的事物来进行分析研究，启发出新的设想。异质同化就是把给定的陌生的东西与早已熟悉的东西进行比较，将陌生之物纳入一个可接受的模式中，从而转换成熟悉的东西，此乃“变陌生为熟悉”。异质同化就是要求我们在碰到一个完全陌生的事物或问题时，要用所具有的全部经验、知识来分析、比较，并根据这些结果，做出很容易处理或很老练的态势，然后再去类比用什么方法才能达到这一目的。“人造血”就是“变陌生为熟悉”的一例。

(2) 同质异化。同质异化，即“变熟悉为陌生”。对已有的各种事物，通过类比，从新的或陌生的角度来观察、分析和处理，使看惯的东西成为看不惯的东西，把熟知的东西变为陌生的东西，启迪出新的创新设想。“变熟悉为陌生”的原则，要求人们突破现有框框的约束，摆脱陈旧固定的看法的桎梏，以挑剔的眼光去寻找可以改进、创新的地方。

4. 提喻法的实施步骤

许多创新实际上都是受日常生活中事物的启发而产生出来的。这种事物，从自然界的高山流水、飞禽走兽，到各种社会现象，甚至各种神话、传说、幻想等，比比皆是，范围极其广泛。戈登由此想到，可以以外部事物或已有的创新成果为媒介，将它们分成若干要素，对其中的要素进行讨论研究，然后综合利用来激发创新灵感。提喻法就是一种以类比为核心、以小组讨论为形式的创新方法。戈登把实施该法的全过程分为以下 9 个阶段。

第一阶段：给定问题。

第二阶段：变陌生为熟悉。

第三阶段:理解问题(分析、抓住要点)。

第四阶段:类比(操作机制)。

第五阶段:变熟悉为陌生。

第六阶段:心理状态(关于问题的理解达到卷入、超脱、迟延、思索等心理状态)。

第七阶段:将心理状态与问题相结合(把最贴切的类比与已理解的问题做比较)。

第八阶段:观点(得到新观点、新见解)。

第九阶段:得到答案或深化研究的任务(观点付诸实践或变为进一步的研究项目)。

5.5 创新能力培养

5.5.1 创新能力的内涵

创新能力是运用知识和理论,在科学、艺术、技术和各种实践活动领域中不断提供具有经济价值、社会价值、生态价值的新思想、新理论、新方法和新发明的能力。创新能力是民族进步的灵魂、经济竞争的核心。当今社会的竞争,与其说是人才的竞争,不如说是人的创新能力的竞争。

创新能力是人人皆有的一种属性,人的创新能力可以通过教育、学习和训练而激发出来,并且可以得到不断提高。

人类社会的任何事物都是人创造的产物,一切现存的东西都不是十全十美的,都可以通过人的再创造变得更好,并且可以创造出现实世界还不存在的更先进、更完善的事物。

5.5.2 培养创新能力的三宝

1. 好奇心——创新的驱动力

好奇心对原始创新是至关重要的,原始创新不是事先能够预料的,往往是在好奇心的推动下,才有创新的动力,最后才会需要想创新的主题。好奇心是创造性人才的重要特征已是不争的事实。爱因斯坦认为他之所以取得成功,原因在于他具有狂热的好奇心。

创新能力的培养应该从小抓起,这已经成为学者们的共识,原因就在于人类最初的好奇心来自婴儿的探究反射。观察发现,婴儿一旦发现新奇事物,就会用手触摸,用舌头品尝。到了幼儿期,好奇心更加强烈和明显,他们通过感官、动作、语言来表达自己对周围世界的好奇，这种好奇最初是情景性的，如果受到鼓励与强化，就会变成认知与情感的结合。

例如，著名科学家都可以说具有好奇心。牛顿对一个苹果产生好奇，于是发现了万有引力。瓦特对烧水壶上冒出的蒸汽也十分好奇，最后改良了蒸汽机。爱因斯坦从小比较孤僻，喜欢玩罗盘，有很强的好奇心。伽利略也是因看吊灯摇晃而发现了单摆。

2. 直觉和洞察力——“悟”的学问

为什么有许多人在大学时是高才生，但在科研上却做不出成绩，遇到复杂问题就一筹莫展？归根结底在于缺乏直觉和洞察力。国外的科学家评价一个人，最喜欢说的是某某人对科学有很好的感觉，也就是有很好的直觉和洞察力。

这些能力是不能靠上一门课或读一些书就能获得的，最好的办法是让学生在实践和浓厚的创新氛围中自己“悟”出来。世界上的一流大学大都是研究型大学，它们通过教学与科研相结合，在学校里营造出浓厚的研究氛围，来促进学生创新素质的成长。特别是这些学校都有许多学术大师，学生有机会与大师直接交流。这些交流容易产生火花，让学生领悟对科学的直觉和洞察力。

3. 注意力——决定思维的深度

创新能力必须具备的一个要素是勤奋工作和集中注意力。

勤奋是一个人有创造性地工作的前提，不勤奋的人什么事也做不好。勤奋必须以能集中注意力为前提。注意力集中的程度决定着思维的深度和广度。

例如，爱因斯坦特别能集中注意力，“我确信那是他成功的真正秘诀：他可以连续数小时，以我们大多数人一次只能坚持几秒钟的程度完全集中注意力”。

5.5.3 如何培养创新能力

1. 热爱生活、关注生活

我们都知道，艺术和文学创作都必须源于生活，只有源于生活的东西才是最具有生命力的东西，才能为人们所熟知、所接受、所认可。其实，创新也是一样的，它也必须从生活中来，它不可能凌驾于生活之上，更不可能是梦幻的、虚无缥缈的东西。

例如，从仅有初中文化的农民起步，到今天技艺精湛、闻名矿区的技术明星，43岁的黄陵矿业集团一号煤矿综采三队泵站检修工刘金锋能够融会贯通地运用知识、经验、技能解决乳化泵站的各类技术难题，把每项工作干到完美，将钻研技术变成工作与生活的一部分。刘金锋认为生活本身就是最好的老师，在日常生活中他总能获取发明创造的灵感。在一次与工友聚餐中他从红酒开瓶器的设计上获得启发，想到以往拆卸吸排液阀都是使用铜棒撞击，作业困难且对阀体损伤较大，如果将开瓶器的设计原理应用到拆卸工具改造上又会有怎样的效果呢？他为这忽然的闪念感到兴奋，下班后立刻跑到库房，巧妙加工螺母、螺杆配套筒，成功改造乳化泵站卸载阀拆卸工具，在全矿推广应用，并获得了“五小”创新成果优秀奖。

2. 正视创新内核

创新能力一般被视为智慧的最高形式。它是一种复杂的能力结构，在这个结构中创新思维处于最高层次，它是创新能力的重要特性。创新能力的实质就是创造性解决问题的能力。除此之外，创新能力还包括认识、情感、意志等许多因素。创新能力意味着不因循守旧，不循规蹈矩，不故步自封。随着知识经济时代的来临，知识创新将成为未来社会文化的基础和核心，创新人才将成为决定国家和企业竞争力的关键。

3. 有意识地培养创新能力

没有想象就没有创新。创新的实质是对现实的超越。要实现超越，就要对现实独具“挑剔”与“批判”的眼光，对周围事物善于发现和捕捉其不正确、不完善的地方。古人云：“学起于思，思源于疑。”质疑问难是探求知识、发现问题的开始。爱因斯坦曾经说过：“提出一个问题比解决一个问题更重要”。

4. 活到老、学到老

我们必须要终身学习，学习应该是一个习惯，只有不断学习，才能在变化的社会中一直抓住最精华的东西。我们要不断学习，不断总结，不断研究外部环境的变化，不断对自己提出新挑战，紧跟时代的发展。我们要在创新中提升，在提升中创新，在创新中发展，在发展中创新。

第 6 章　实例与分析

实例一　井下矿车智能防控安全装置

作品类型:物理模型。

所获奖项:第九届全国高校采矿工程专业学生实践作品大赛一等奖。

制作材料:钢制框架、橡胶矿车、红外感应系统等。

作品简介:此装置由轨道、绞车房和矿车三大部分组成。矿车从底部由提升设备牵引至地表,开始循环工作,无失控情况下不触发防控装置。一旦绞车房钢缆断裂发生跑车事故,矿车车轮检测到失速,触发防控系统,矿车底部探测挂钩弹出,进而钩住埋在地下的装置盒,装置盒不会直接勒住矿车,而是做减速运动,直到矿车安全平稳减速停止。轨道底部还设置了第二道防控架,保证矿车平稳停止,保护作业人员的安全。

创作思路:矿车是煤矿必不可少的工具,近几年发生了多起绞车房钢缆由于年限较长而断裂的事故,导致矿工受伤甚至死亡。煤矿牵引矿车的钢丝绳,每个作业班都要进行检查,更换不到两个月的新钢丝绳断裂说明矿车使用很频繁,所以我们研制此防控装置,在原有的轨道上增加埋地装置盒,在矿车底部装置自动探测挂钩,两者配合工作以达到矿车失控下的防护,进而避免发生矿车事故,使工人们作业有保护、人身有安全。

井下矿车智能防控安全装置的设计思路来源于弹簧卷尺。弹簧卷尺既具有弹性又具有拉伸度,如果把弹簧卷尺放大埋入矿车的轨道下,在煤矿原有的设备基础上加以改造,则此装置比煤矿现有的防跑车装置缓冲距离更长、更安全、造价更低。在矿车发生失控的情况下,不会没有缓冲的机会直接卡住矿车,也不会等矿车冲到斜井底部才停住车,进而不会对人员造成二次伤害。

创新点:

(1) 此装置比煤矿内现有的防跑车装置更加智能化。传统的防跑车装置多采用直接卡死矿车碰头或车身的方式完成,容易造成矿车的倾翻或脱轨。本模型提出了一种能够抱紧矿车后轴的新型缓冲捕车器结构,并从使用条件、设计原理、理论计算 3 个方面对该捕车器进行了研究。

(2) 传感系统。传感系统主要完成矿车运行过程中各信号的采集，并将矿车运行的位置、接近挡车栏时的速度及挡车栏所处位置等信息传输至控制系统，以便控制系统及时做出判断、处理。它主要由行程开关及挡车栏上、下限位开关组成。在靠近挡车栏的上部适当位置布置 2 个 KHX-0.5/24 型行程开关，矿车通过第 1 个行程开关时，PLC 系统开始计时，通过第 2 个行程开关时计时完毕。若设定矿车的正常运行速度为 v，系统通过检测矿车通过 2 个行程开关的时间间隔 t，确定其是否超过预设速度。防跑车装置打开或下放挡车栏时间需根据矿车运行位置来确定，因此，在挡车栏两侧也安设有 2 个 KHX-0.5/24 型行程开关。另外，为确定挡车栏的转动范围，在挡车栏转动轴两侧安设 2 个 KHX-0.5/24 型限位开关。传感系统为 PLC 控制系统采集信息，与控制系统的输入端相连，即将获得矿车运行位置信息、速度参数的行程开关以及挡车栏转动范围的限位开关与 PLC 的输入端相连，将挡车栏提升机和声光报警系统与 PLC 的输出端相连。

(3) 控制系统。控制系统(PLC 控制柜)是防跑车装置的核心。防跑车装置采用 S7.200 系列可编程控制器，选用 CPU224 型 PLC，其集成了 14 个输入/10 个输出共 24 个数字量 I/O 点，可连接 7 个扩展模块，拥有 6 个独立的高速计数器，完全满足该系统要求。控制系统通过接收各行程开关反馈的矿车运行信息并对其做出判断、处理，同时根据处理结果发出相应指令，即将检测到的矿车通过 2 个行程开关的时间间隔与预设时间进行比较，以判断矿车是否超速，进而发出相应的指令。

作品鉴赏：作品模型如图 6-1 和图 6-2 所示。

图 6-1　井下矿车智能防控安全装置(一)

图 6-2　井下矿车智能防控安全装置(二)

实例二　采空区矿井水处理模型

作品类型:物理模型。

所获奖项:第七届全国高校采矿工程专业学生实践作品大赛一等奖。

制作材料:泡沫、亚克力板、矿泉水瓶、硬塑料、易拉罐、有机玻璃等。

作品简介:采用采空区过滤技术处理矿井污水投资小、见效快,污水处理过程基本上不产生费用,处理后的污水清澈透明,符合排放标准,可用于矿井的生产用水、防尘用水、打钻用水以及地面公共设施的其他用水,提高了用水质量,充分改善了矿井用水环境,充分节约了地下水资源,缓解了矿区用水紧张局势。煤矿矿井污水经采空区过滤后,水质明显好转,使大量含有煤泥、黑色浑浊的水变成清澈透明的、较为洁净的清水,从而消除了矿井污水对环境造成的污染,有力地保证了矿井生产的正常进行,取得了良好的经济效益、环境效益和社会效益。

创作思路:近年来,水在大部分矿区一直作为廉价的资源而被滥用和浪费,这与我国目前的资源节约和环境保护政策是相矛盾的,且由于对矿井水缺乏基本的水化学研究,目前煤矿对矿井水的利用仍是比较粗放和简单化的。为提高我国煤矿矿井水处理的技术水平,必须在详细分析矿井水的水化学组成和物化性质的基础上研究合适的矿井水处理工艺和参数，以提高煤矿矿井水利用的技术水平，消除矿井水作为生活用水的最终障碍，使其在煤矿区能够真正实现充分利用。

创新点：本模型以采空区净水技术作为预处理单元，开发一整套矿井水井下处理、复用新工艺，为矿井水井下处理提供了借鉴作用。

作品鉴赏：作品模型如图 6-3～图 6-7 所示。

图 6-3　采空区矿井水处理模型

图 6-4　采空区矿井水处理地面布置模型

图 6-5　采空区矿井水地下处理模型(一)

图 6-6　采空区矿井水地下处理模型(二)

图 6-7　采空区矿井水地下处理沉淀池模型

实例三　煤巷微生物速凝加固及地面降压的联合支护

作品类型：物理模型。

所获奖项：第九届全国高校采矿工程专业学生实践作品大赛二等奖。

制作材料：钢制框架、木质聚合板、亚克力板、铁皮、电动机、钢丝绳、泡沫板。

作品简介：在煤层赋存较浅、地质结构简单的煤田区域内，把煤田分成若干井田，井田划分成若干采区，在每一个采区的地面上布置一架大型的承重架，从承重架引出若干承重钢绞线，将承重钢绞线与煤层上覆岩层底板相连接，从而减轻一部分的上覆煤(岩)层压力，为井下的微生物支护创造条件。

在井下巷道内利用微生物吸附、速凝在巷道壁上，实现巷道自动加固，在每隔 50 m 处布设一个 U 型钢支架辅助支护，从而实现微生物速凝巷道加固和 U 型钢支护与地面承重架支护相配合，实现井下巷道支护由难变易的新型支护方式。

创作思路：微生物存在于自然界的每个角落，是形体微小、单细胞或个体结构简单的多细胞甚至无细胞结构，用肉眼看不见或看不清的低等生物的总称。它可对煤巷进行加固与支护。根据细菌孢子的种类选取底物，然后将细菌孢子干粉在水中分散均匀，将底物加入分散均匀的混合液中搅拌均匀使其成团，将团状混合物加入多功能造粒机中挤出，打开冷却系统，将挤出的条形物加入滚圆机中滚圆、筛分、烘干得到粒径单一的微粒；将微粒和壁材采用真空浸渍法或界面聚合法制备微生物自愈合胶囊；将微生物自愈合胶囊与巷道 U 型钢混合使用。

地面降压采用承重架配合承重钢绞线对上覆岩层进行拉拽，降低其对采区的压力，提高工作面的生产效率。它的原理与悬索桥相似，钢绞线主要承受拉力，一般用抗拉强度高的钢材（钢丝、钢缆等）制作。由于悬索桥可以充分利用材料的强度，并具有用料省、自重轻的特点，因此在各种体系桥梁中的跨越能力最大，跨径可以达到 1 000 m 以上。

创新点：

（1）减轻地表压力。地面建立承重架，通过承重钢绞线拉拽，减轻部分岩层压力，从而减轻煤层上覆岩层的压力，为井下微生物支护创造条件。

（2）微生物联合 U 型钢支护。因微生物吸食和排出的填补物质凝固速度特别快，两者结合便可实现巷道微生物速凝加固，利用 U 型钢配合微生物实现井下的支护，从而改变了矿井的传统支护方式。

作品鉴赏：作品模型如图 6-8～图 6-11 所示。

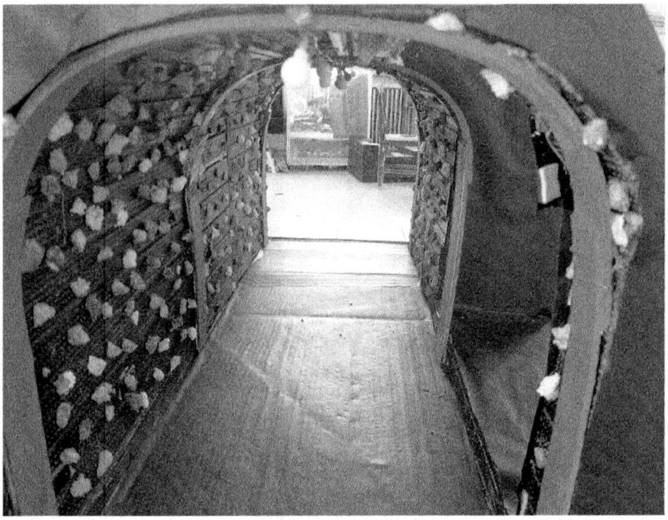

图 6-8　微生物配合 U 型钢支护

图 6-9　地面承重架

图 6-10　模拟地质钻孔

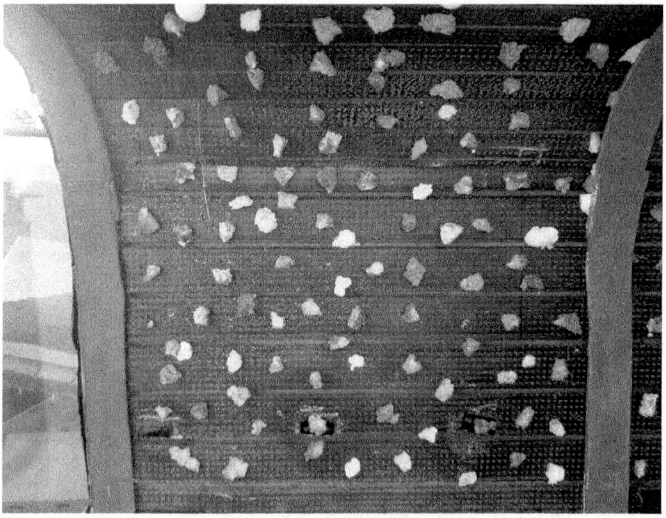

图 6-11　模拟微生物吸附

实例四　利用微生物降解技术开采海底煤层

作品类型:物理模型。

所获奖项:第七届全国高校采矿工程专业学生实践作品大赛二等奖。

制作材料:泡沫、亚克力板、矿泉水瓶、硬塑料、有机玻璃等。

作品简介:传统的煤化工企业建设和运行成本高昂,是典型的高能耗、高危险及高污染的“三高”企业。煤炭工业必须走“绿色”煤炭转化之路——煤炭生物降解转化技术,这样既符合我国的国情,又符合洁净煤技术的国际发展方向,是我国能源可持续发展的一条必由之路。在资源非常丰富的海底,利用特殊的开采方式将海底的资源采出,并且直接加工转化为工业油,并利用产生的煤层气发电,可实现电力自给自足,减少投资。此技术如果能实现将大大地推动我国海洋矿产开采技术水平,也大大提高资源的多元转化率,能带来极大的经济效益。

创作思路:

(1) 选题阶段。小组成员结合国内外现状以及所学理论知识,结合指导教师意见,确定项目名称为“微生物降解技术对海底煤层进行气化开采”。

(2) 理论学习阶段。首先通过阅读图书和文章、浏览网页等途径学习煤炭微生物降解的方式、煤层气间接液化技术、煤层气发电技术等相关知识,然后向指导教师、相关企业技术人员咨询如何将有关技术整合,最终确定作品制作方向。

（3）模型制作阶段。设置模型比例，选取适当材料，查找工厂实物形状、运行机理，制作相关结构部件，如微生物培育罐、营养液罐、风机室、加压间、成品储存罐、煤层气发电间以及一系列运输管道。然后，将各部件组装、调试、运行、美化。

创新点：

（1）将深海的煤炭利用微生物采出，这种方式更具安全性。微生物气化不仅可以回收被传统采煤方法遗留的煤炭资源，而且煤炭地下气化将污染严重的煤炭能源转化为廉价的清洁能源和化工原料气。

（2）将煤炭气化后所形成的煤层气作为煤层气制油的原料气，进行制油，在一个平台上可以生产两种形态的工业原料。

（3）煤层微生物气化后产生的煤层气直接用于发电，为开采平台提供电力资源，实现自给自足，更加经济。

（4）以开采平台以下潜式平台为基础，在海上可以由 4 个螺旋桨定位，航行时用 4 个螺旋桨推进，从而实现在海上移动，可长期在海上进行作业，本地区的作业完成后可直接移到下一地点，经济效益显著。

作品鉴赏：作品模型如图 6-12～图 6-15 所示。

图 6-12　利用微生物降解技术开采海底煤层模型（一）

图 6-13　利用微生物降解技术开采海底煤层模型(二)

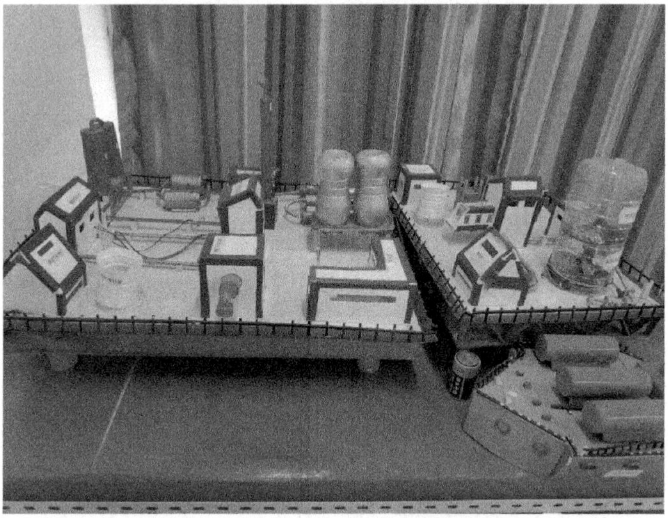

图 6-14　利用微生物降解技术开采海底煤层地面模型

图 6-15　利用微生物降解技术开采海底煤层井下模型

实例五　海上半潜式钻井平台

作品类型：物理模型。

所获奖项：第七届全国高校采矿工程专业学生实践作品大赛三等奖。

制作材料：泡沫、亚克力板、矿泉水瓶、硬塑料、有机玻璃等。

作品简介：本模型由平台本体、立柱和下体或浮箱组成。此外，在下体与下体、立柱与立柱、立柱与平台本体之间还有一些支撑与斜撑连接。在下体间的连接支撑，一般都设在下体的上方，这样，当平台移位时，可使它位于水位线之上，以减小阻力。平台上设有钻井机械设备、器材和生活舱室等，供钻井工作用。平台本体高出水面一定高度，以避免波浪的冲击。下体或浮箱提供主要浮力，沉没于水下以减小波浪的扰动力。平台本体与下体之间连接的立柱，具有小水线面的剖面，主柱与主柱之间相隔适当距离，以保证平台的稳定性，所以又有立柱稳定式之称。

创作思路：半潜式钻井平台是浮动型的移动式平台，其稳定性主要靠立柱，它也是柱稳式平台。柱稳式平台包括半潜式平台和坐底式平台。坐底式平台主要在浅水作业；半潜式平台主要在深水作业，但也可以在浅水坐底作业，作业时和坐底式平台性能相同。半潜式平台是用数根具有浮力的立柱将上壳体连接到下壳体或柱靴上，并由其浮力支持的平台。在深水半潜作业时，下壳体或柱靴潜入水中，立柱局部潜入水中，为半潜状态；浅水坐底作业时，下壳体或柱靴坐在海底，为坐底状态。半潜式钻井平台的产生晚于浮船式钻井平台，它是为了克服浮船式钻井平台抗风浪性能差的缺点而开发的。它可以在深水海域、恶劣环境条件下作业，具有良好的运动特性，抗风浪性能好。

创新点：钻杆排放是钻井作业过程中的一项重要操作。为克服常规钻杆排放操作存在的不足，人们开始探索钻杆操作机械化的各种方法，于是用来在井口与立根盒之间移动钻杆的钻杆自动排放系统应运而生。钻杆自动排放系统可以实现钻井过程中井口到立根盒之间钻杆排放的自动化遥控操作，避免人与钻杆的直接接触，并可加快起下钻速度，对提高海上钻井作业安全性和降低作业成本发挥了重要作用。随着对深水及超深水海域的钻探开发，越来越多的钻杆自动排放系统逐步应用于半潜式钻井平台，并且已经显示出极大的优越性。钻井过程中采用钻杆自动排放系统在提高钻井作业安全性、加快钻井速度、降低劳动强度等方面发挥了显著的作用。在近年研制的半潜式钻井平台上自动排放系统得到广泛应用。

作品鉴赏：作品模型如图 6-16～图 6-18 所示。

图 6-16　海上半潜式钻井平台地面布置

图 6-17　海上半潜式钻井平台海底布置(一)

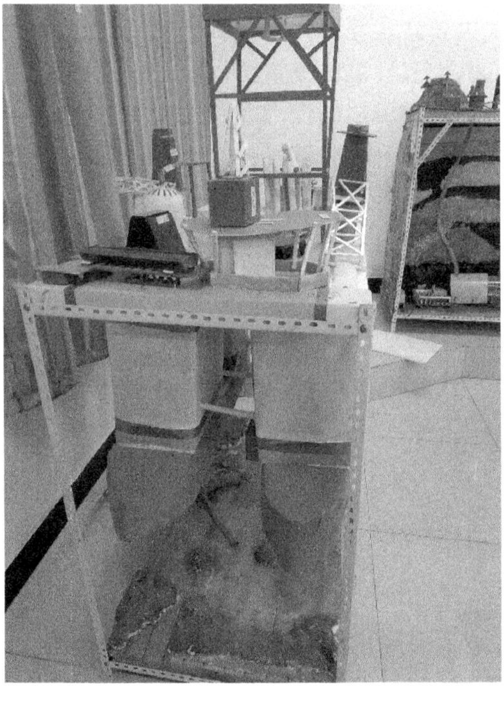

图 6-18　海上半潜式钻井平台海底布置(二)

实例六　移动式破碎站

作品类型：物理模型。

所获奖项：第四届全国高等学校矿物加工工程专业学生实践作品大赛三等奖。

制作材料：雪弗板、电池、纸板、电动机 3 个、电线、开关 3 个、螺丝钉、喷漆、塑料网。

作品简介：移动式破碎站由振动筛及反击式破碎机组成，设计目的是降低露天矿山开采成本，它是根据书中平面图并加以改进而制作的物理模型。移动式破碎站可以实现高效自由的移动，提高了工作的方便性。由于本物理模型可做动画演示，因此可帮助空间感不强的同学加深印象，以深入了解模型的工作原理及加工过程。

创作思路：通过建立移动式破碎站的物理模型，能够使初学者立体化、直观高效地了解破碎技术。

创新点：移动式破碎站＝颚式破碎机＋振动筛，在组装方面，颚式破碎机和振动筛可以随时拆装，克服了机体笨重、拆装不方便的缺点，也可以随时单个装备应用。另外，模型中增加了传送带，如果反击式破碎机破碎后的物料粒度不达标，粗物料从反击式破碎机出来后经过传送带传送到振动筛，进行进一步破碎，形成一个闭路循环，直到物料达到指定的粒度。

作品鉴赏：作品模型如图 6-19～图 6-21 所示。

图 6-19　移动式破碎站

图 6-20　破碎站振动筛筛网

图 6-21　破碎站反击式破碎机

实例七　搅拌浮选一体机

作品类型：物理模型。

所获奖项：第四届全国高等学校矿物加工工程专业学生实践作品大赛二

等奖。

制作材料：亚克力板、木板、木棒、塑料管、叶轮、轴承、电机、齿轮、皮带。

作品简介：在常规卧式搅拌机基础上，一方面增添给入药剂泡沫化分散装置，将药剂分散后从机器顶部各处下落，使药剂与第一层各处物料混合更加充分，减少药剂的无效损失。另一方面在第一层叶轮搅拌装置下增加一层浮选装置，减少物料颗粒成团现象，物料受到更均匀的搅拌后直接借助浮选装置送到下一级处理装置中。由于采用了搅拌浮选装置，搅拌和浮选的效率提高，从而提高了生产效率。

创作思路：搅拌是选矿过程中较为重要的环节，是浮选过程的基础。发展新型选矿设备，提高矿物利用率是我国能源发展的必由之路，同时对产煤地区和投资企业调整产业结构和产品结构、提高企业核心竞争力均具有重要意义。

创新点：结合现有的破碎机，我们将传统的一层搅拌改变为搅拌之后直接浮选，增加了搅拌的流程，大幅度提升了搅拌的效率。我们在药剂的加入过程中增设了分散装置，使药剂可以均匀地分散到搅拌装置里面，使药剂与物料充分混合。

作品鉴赏：作品模型如图 6-22～图 6-25 所示。

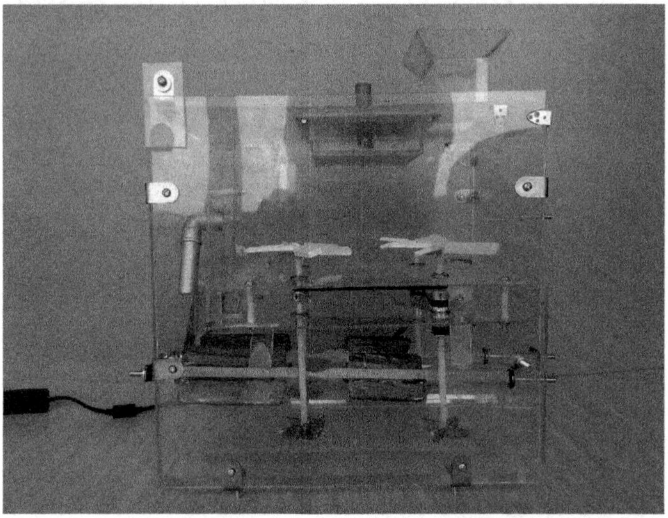

图 6-22　搅拌浮选一体机

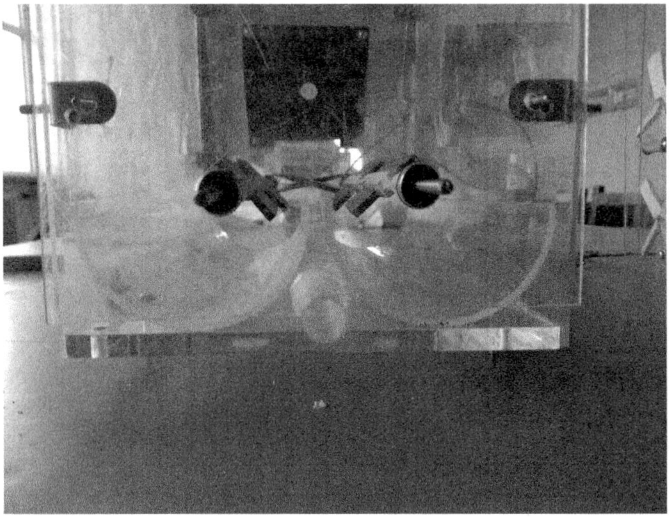

图 6-23　浮选机侧视图

图 6-24　浮选机搅拌器细节

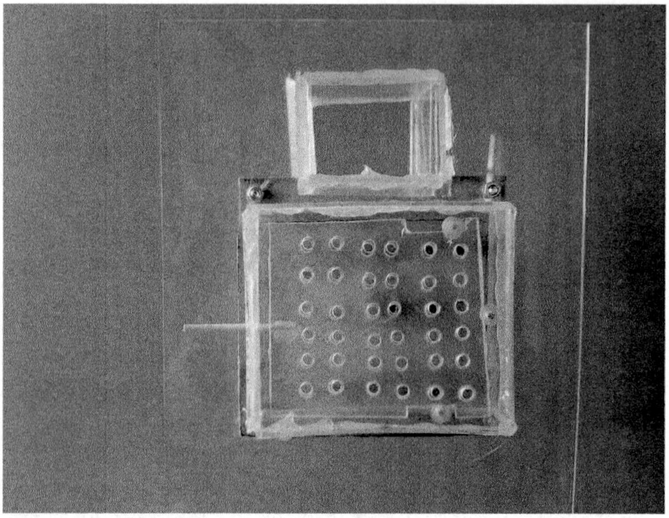

图 6-25　搅拌桶加药口细节

实例八　防堵可调控一体化破碎系统

作品类型：数字模型/物理模型。

所获奖项：全国矿物加工工程实践作品大赛三等奖。

制作材料：木质聚合板、亚克力板、铁皮、电动机、小电瓶、皮带、皮带轮。

作品简介：进入颚式破碎机的物料在两个颚板之间进行破碎，破碎过程中静颚板的上下振动可以防止堵塞。破碎后产物进入下方的振动传送带，通过传送带和过渡分选装置空隙实现对物料进行初步筛分，排出细粒级物料。细粒级物料可以进入下方的可调对辊进行再次处理，也可以作为合格产品直接排出。未通过过渡分选装置间隙的物料进入后方旋转的螺旋提升槽，通过提升作用再次滑入回送传送带上返回颚式破碎机入料口，实现闭路循环。

创作思路：

(1) 颚式破碎机有易堵塞的问题，堵塞的根本原因在于动颚板与静颚板的相对运动，而静颚板的上下振动可以有效处理这一问题。考虑到模型制作的可行性，我们采用了曲柄滑块机构。

(2) 为了使破碎作业实现闭路循环，用到了可振动传送带。物料从破碎系统落入传送带时，为了阻挡稍大块物料和排出最细粒物料，加装了可旋转的分选隔板。

(3) 在传送带末端为了再次对物料进行分选，加装了过渡分选装置(像狼牙棒一样的东西)。考虑到产品粒度的多样性,在下方安装了可以调节辊距的对辊。

(4) 最大块的不合格物料原本打算采用正面的提升槽输送,可是如果用正面的提升槽,那么从提升槽再返回入料口的回送传送带的坡度必然太大,无法有效输送,因此采用了一侧开口的螺旋形提升槽,这样便可以使物料从侧面出料,不再占用内部空间,而且也不会出现漏料的现象,进而减缓了回送传送带的坡度,优化了输送效果。

创新点:

(1) 将原本静止的静颚板改为可振动的颚板,有效防止了堵塞。

(2) 旋转的分选隔板和振动传送带不仅可以输送物料,而且可以首先排出最细粒物料,进而也减少了后续步骤的漏料现象。

(3) 加入可以调距的对辊,增加了产品粒度的多样性。

(4) 装有侧开口的螺旋提升槽,在不影响内部空间的前提下尽可能地减小了回送传送带的坡度,提高了输送效果。

作品鉴赏:可以从实际存在的问题入手,采用行之有效的方案处理问题。不过也有一些不足之处,就是有些细节在实际生产过程中的可行性有待考量。作品模型如图 6-26～图 6-32 所示。

图 6-26　防堵可调控一体化破碎系统

图 6-27　振动传送带

图 6-28　排料口

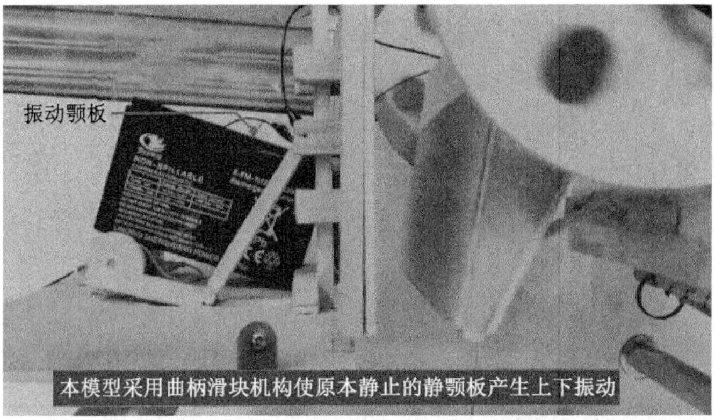

图 6-29　用曲柄滑块机构改进静颚板

图 6-30　颚式破碎机

图 6-31　返料螺旋槽

图 6-32　可调间隙辊式破碎机

实例九　深部煤炭资源流态化运输

作品类型:物理模型。

所获奖项:第七届全国高校采矿工程专业学生实践作品大赛三等奖。

制作材料:泡沫、亚克力板、矿泉水瓶、硬塑料、有机玻璃等。

作品简介:本模型利用空气压缩机原理产生风压,在深部煤矿接入类似 S 形主管道,在主管道外侧安装自动化运煤装置,使开采出的煤炭自动添加到主管道,在主管道加装大功率空气压缩机,当煤炭进入管道时会受到巨大风力作用而向上运动,在管道弯曲处加装小功率空气压缩机,使管道中的煤炭受到转弯的力,最后到达主管道口,直接进入自动装煤系统,完成煤炭从矿井底部到达地面的流态化运输,从而实现无人、智能化、高效的运煤方式,完全避免人员在矿井中的作业危险。

创作思路：根据国家与内蒙古自治区煤炭开采发展方向以及自然生态和谐发展的要求，确定此次项目方向为高效清洁生产，结合专业所长，最终定题为“煤炭气化清洁利用技术”。本项目将以 GSP 气化技术为基础。由于 GSP 技术原型产生废水废渣，结合当前超临界水净化技术加以改进。通过对两项技术的综合应用实现资源高效清洁利用目标。

创新点：

(1) 工作效率高。开采出来的煤炭进入大功率空气压缩机中，经过类 S 形管道，可以长时间源源不断地向外输送，在运输管外侧的制冷系统可不断地给风机降温，实现长时间高效工作的目的。

(2) 使用人工少。实现全无人智能化，大大降低人员在矿下工作的时间，避免发生意外时的人员伤亡。

(3) 技术设备强。输送管道由内、中、外三层组成，最内层采用缓振减压技术，减少煤炭运输过程中对设备的损坏；中层采用优质钢，使管道变得更加坚实稳定；最外层为风力循环制冷系统，长时间为空气压缩机提供外界冷风，以达到降温目的。该系统自动化水平高、操作简单、安全性能较高。

(4) 环境影响小。能耗较低，无有害气体及污水排放。

作品鉴赏：作品模型如图 6-33～图 6-35 所示。

图 6-33　煤炭资源流态化运输模型

图 6-34　煤炭资源流态化运输系统地面部分

图 6-35　煤炭资源流态化运输系统井下部分

实例十　犁臂式海底锰结核集矿车

作品类型：数字模型。

所获奖项：第九届全国高校采矿工程专业学生实践作品大赛一等奖。

制作软件：Cinema 4D 软件。

作品简介：本模型主要的开采对象为海底表面的锰结核矿。该模型采用了海底表面犁臂式集矿体系，并对现有的海底锰结核矿的开采方案进行了优化及创新。其优点如下：提高集矿和扬矿的效率，尽可能降低采矿对海底生态系统的影响，并且优化了开采过程中的智能化、可控化和自动化技术等。

创作思路：集矿车在海底工作时，辅助臂先沿固定臂侧面的滑道向前伸出，辅助臂上的钻头钻进海底，抓住海底表面，同时钻头上自带的传感装置将该区域内锰结核矿的厚度等信息进行汇总，由后台进行数据分析处理，将最优的开采方案反馈给犁头集矿装置。集矿车沿着辅助臂向前运动过程中，犁头集矿装置不断接收后台的指令，调整集矿犁头的位置及对地的倾角和高度，做到最高效地开采。然后敛矿轴将犁头掀起的多金属结核卷到集矿车内部，在集矿车内部完成初步的筛选和破碎。被破碎的矿体沿着扬矿体系被提升到海上作业平台。

创新点：

(1) 增加了辅助臂，以辅助集矿车在硬度大、易打滑或者倾斜的地形前进和开采。

(2) 创新出了犁头、敛矿轴加辅助臂的新型可控化集矿体系。集矿车在海底工作时，借助辅助臂钻头上自带的传感装置将待开采区域内锰结核矿的厚度等信息进行汇总，由后台进行数据分析处理，形成最优开采方案，反馈给犁头集矿装置，集矿装置通过调整犁刀的位置及对地的倾角和高度，做到零浪费的高效开采，再由敛矿轴将犁头掀起的多金属结核卷到集矿车内部。

(3) 增加了尾部废物抹平装置。集矿车内部对矿物筛选、破碎过程中产生的泥土、水草等废料，通过尾部废物抹平装置抹平在已开采海底的表面，降低对海底生态平衡的影响，并且这些废料本身为海底多金属结核矿物再生的原料，故将其抹平于海底也有利于资源再生及海底生态平衡的恢复。

(4) 采用了集矿车"人"字形排布的方法，各个集矿车互不干扰，对同一片海域同时开采，大大提升了开采效率。同时海上作业平台也可实现模块化，以提升开采效率。

作品鉴赏：作品模型如图 6-36～图 6-42 所示。

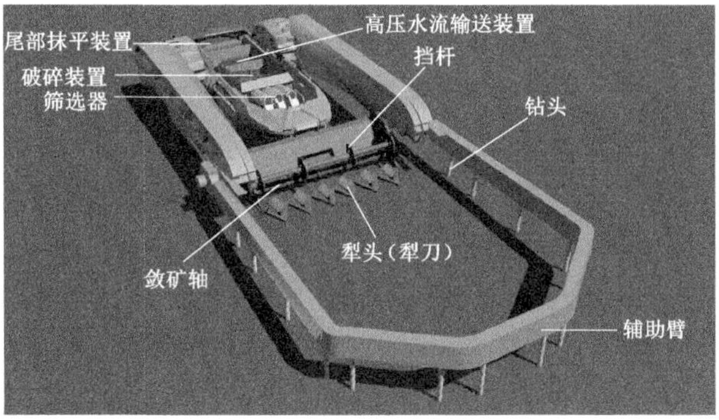

图 6-36　海底犁臂式集矿车

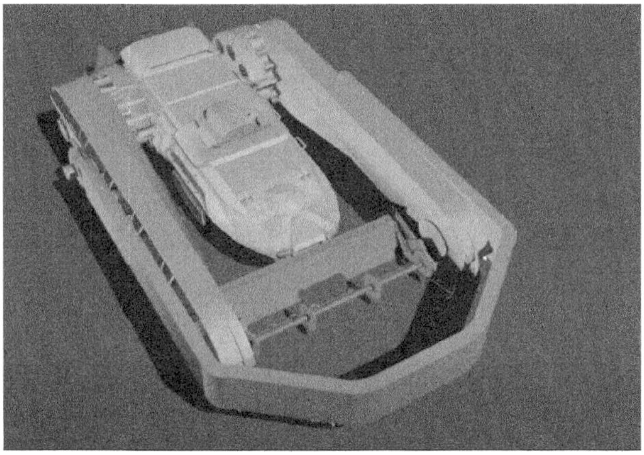

图 6-37　辅助臂收拢时的集矿车

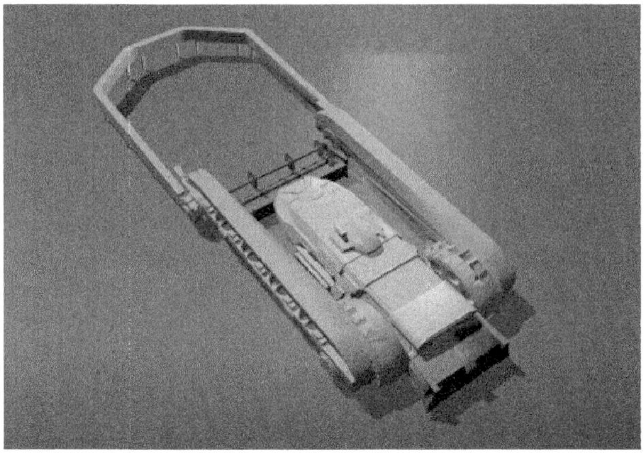

图 6-38　辅助臂伸开时的集矿车

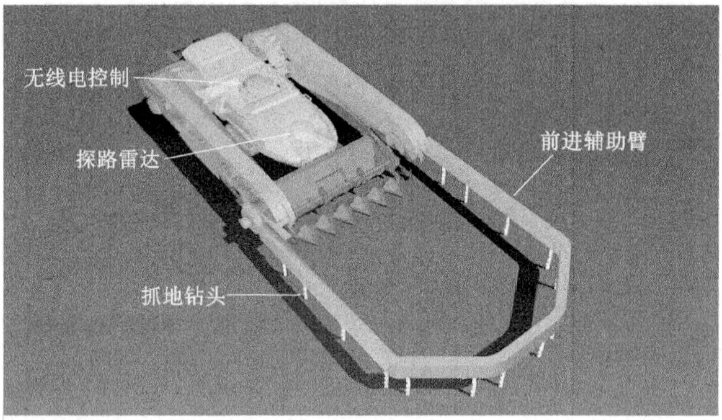

图 6-39　集矿车上部构造

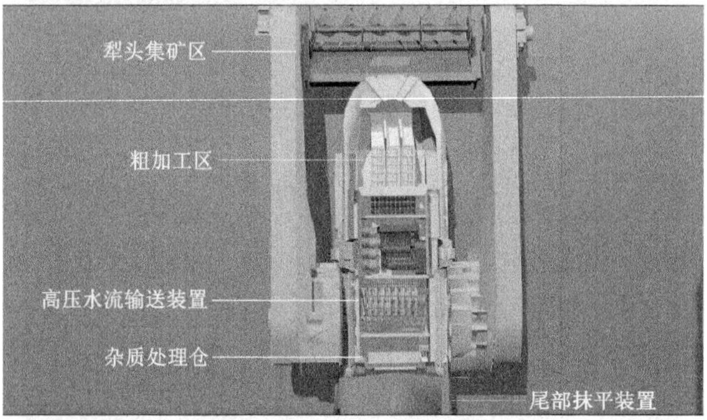

图 6-40　集矿车背部构造

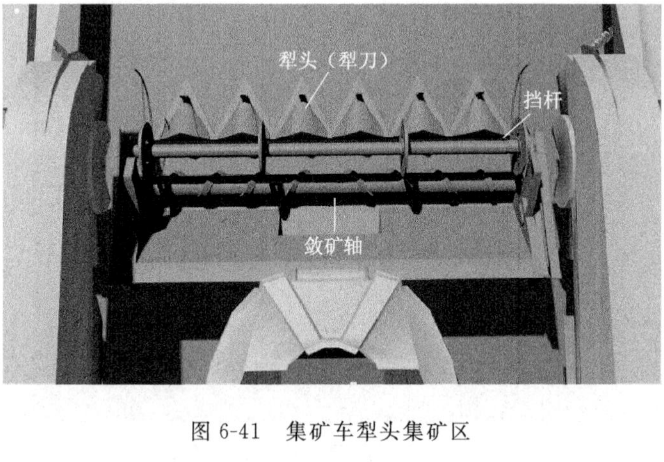

图 6-41　集矿车犁头集矿区

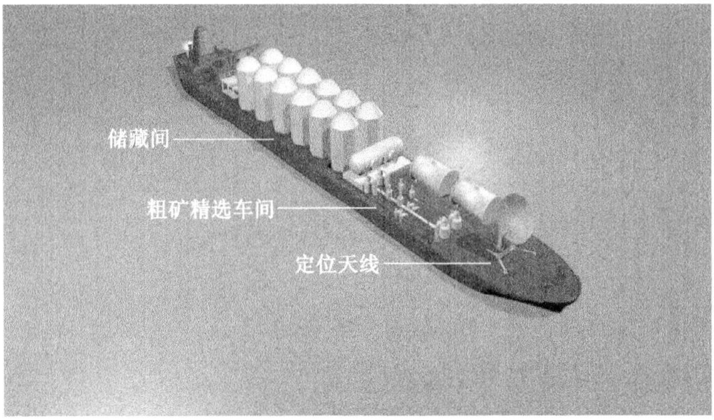

图 6-42　矿物运输装置(采矿船)

参考文献

[1]《我爱科技体育系列读本》编委会. 我爱科技体育系列读本:创意模型制作[M]. 成都:电子科技大学出版社,2014.
[2] 陈中中,朱惠玉. 3D 打印技术及 CAD 建模[M]. 北京:化学工业出版社,2018.
[3] 江湘芸,等. 产品模型制作[M]. 北京:北京理工大学出版社,2005.
[4] 李博,张勇,刘谷川,等. 3D 打印技术[M]. 北京:中国轻工业出版社,2017.
[5] 李作林,袁大伟. 3D 打印技术与科技创新实践[M]. 北京:清华大学出版社,2014.
[6] 马晓雯,尹宝莹,周卫. 建筑与环境模型制作[M]. 石家庄:河北美术出版社,2017.
[7] 莫敷建,陈菲菲. 建筑模型设计与制作教程[M]. 南宁:广西美术出版社,2008.
[8] 孙永峰,王淑红. AutoCAD 矿物加工绘图教程[M]. 徐州:中国矿业大学出版社,2015.
[9] 王双龙. 环境设计模型制作艺术[M]. 天津:天津人民美术出版社,2005.
[10] 宋成芳,魏峥. 计算机辅助设计:SolidWorks[M]. 北京:清华大学出版社,2010.
[11] 杨大奇. 建筑模型设计与制作[M]. 长沙:湖南大学出版社,2014.
[12] 易泱,向敏洁,吴军. 模型设计与制作[M]. 石家庄:河北美术出版社,2016.
[13] 赵真. 工业设计模型制作[M]. 北京:北京理工大学出版社,2009.
[14] 周玲. 模型制作[M]. 长沙:湖南大学出版社,2010.
[15] 周忠龙. 工业设计模型制作工艺[M]. 北京:北京理工大学出版社,1995.

学,2014.

[33] 王玉刚.褶皱附近冲击矿压规律及其控制研究[D].徐州:中国矿业大学,2008.

[34] 徐学锋,窦林名,刘军,等.煤矿巷道底板冲击矿压发生的原因及控制研究[J].岩土力学,2010,31(6):1977-1982.

[35] 徐学锋.煤层巷道底板冲击机理及其控制研究[D].徐州:中国矿业大学,2011.

[36] 徐元强,李守峰,李俊,等.华亭煤矿冲击地压动力灾害前兆信息微震识别与防治技术研究[R].华亭:华亭煤业集团华亭煤矿,2010.

[37] 徐元强,李守峰,张玉亮,等. 坚硬厚层顶板特厚煤层分层开采冲击地压综合防治技术研究[R].华亭:华亭煤业集团华亭煤矿,2011.

[38] 徐元强,李铁,李守峰,等.华亭煤矿冲击地压危险性预测与防治技术研究[R].华亭:华亭煤业集团华亭煤矿,2010.

[39] 徐元强.煤矿强矿压监测防治技术:华亭煤矿模式[M].徐州:中国矿业大学出版社,2012.

[40] 易善刚,武国晓.防治煤矿冲击地压专项培训教材[M].徐州:中国矿业大学出版社,2018.

[41] 张嘉勇,巩学敏,许慎.煤矿顶板事故防治及案例分析[M].北京:冶金工业出版社,2017.

[42] 张周权,吴兴荣,陈立高.煤矿冲击矿压控制技术:三河尖矿模式[M].北京:煤炭工业出版社,2008.

[43] 朱斯陶.特厚煤层开采冲击地压机理与防治研究[D].北京:北京科技大学,2017.